中高职衔接一体化规划教材

# 电工技术基础与技能训练

王长江　何　军　主　编

张小琴　彭宇福　主　审

电子工业出版社

Publishing House of Electronics Industry

北京·BEIJING

## 内容简介

本书根据中高职衔接应用电子技术专业课程建设的需求，结合中职学生的认知规律，对接国家职业标准，按照"项目导向、任务驱动"原则，遵循"教学做合一"教学理念，为中等职业学校应用电子技术专业编写的教材。

本书共有六个学习项目，三十五个学习任务，十个技能训练，涵盖了电路基本概念、直流电路、单相交流电路、三相交流电路、变压器、交流异步电动机等内容，实现了知识、技能和素质的有机融合。

"学习指南"引导学生明确学习目标；"特别提示""想一想""练一练"环节，激发学生学习兴趣，使学生易学、想学、会学；"技能训练"环节培养学生基本技能和素质；"学习总结""学习评价"环节，方便学生自我测评学习效果，查找学习中存在的问题，并及时解决，有助于提高学习质量，完成学习目标。

本书体系新颖，贴近实际，突出实用，简明扼要，图文并茂，"学、做、练、评、思"一体化。可作为中等职业学校应用电子技术专业和相关专业的教学用书或技能培训教材，也可供相关领域的工程技术人员参考使用。

未经许可，不得以任何方式复制或抄袭本书之部分或全部内容。
版权所有，侵权必究。

**图书在版编目（CIP）数据**

电工技术基础与技能训练 / 王长江，何军主编．—北京：电子工业出版社，2017.1

ISBN 978-7-121-30065-3

Ⅰ．①电… Ⅱ．①王… ②何… Ⅲ．①电工技术—中等专业学校—教材 Ⅳ．①TM

中国版本图书馆 CIP 数据核字（2016）第 243643 号

策划编辑：王昭松
责任编辑：郝黎明
印　　刷：北京京师印务有限公司
装　　订：北京京师印务有限公司
出版发行：电子工业出版社
　　　　　北京市海淀区万寿路 173 信箱　邮编　100036
开　　本：787×1092　1/16　印张：11.5　字数：294.4 千字
版　　次：2017 年 1 月第 1 版
印　　次：2017 年 1 月第 1 次印刷
印　　数：3 000 册　定价：34.00 元

凡所购买电子工业出版社图书有缺损问题，请向购买书店调换。若书店售缺，请与本社发行部联系，联系及邮购电话：（010）88254888，88258888。

质量投诉请发邮件至 zlts@phei.com.cn，盗版侵权举报请发邮件至 dbqq@phei.com.cn。

本书咨询联系方式：（010）88254015　wangzs@phei.com.cn　QQ：83169290。

# 序

自 2010 年国家在《中长期教育改革和发展规划纲要（2010—2020）》中明确将中等和高等职业教育协调发展作为建设现代职业教育体系的重要任务之后，党和国家一直高度重视现代职教体系的建立工作。党的十八大吹响了"加快发展现代职业教育"的进军号角，国务院做出了《关于加快发展现代职业教育的决定》，明确提出了"到 2020 年，形成适应发展需求、产教深度融合、中职高职衔接、职业教育与普通教育相互沟通，体现终身教育理念，具有中国特色、世界水平的现代职业教育体系"的目标任务。教育部为此先后制发了《关于推进中等和高等职业教育协调发展的指导意见》、《高等职业教育创新行动计划》等一系列重要文件，为中高职衔接、现代职教体系建设制定了任务书、时间表和路线图，做出了明确的部署要求。因此，走中高职衔接一体化办学之路，构建现代职业教育体系，既是党和国家的大政方针政策，又是时代社会发展的必然要求，更是广大人民群众的热切期盼和职业教育发展的必然趋势。

为了满足适应上述要求，四川职业技术学院于 2011 年申报获准了"构建终身教育体系与人才培养立交桥，全面提升职业院校社会服务能力"的四川省教育体制改革试点项目，以消除各自为阵、重复交叉培养培训、打混仗、搞抵耗、目标方向不明、质量不高、效益不好、恶性循环竞争等诸多弊端，构建终身学习教育体系和职业教育立交桥，构建职业院校社会服务体系，提升社会服务能力为目的，先后在应用电子技术、数控技术两个重点建设专业和遂宁市三县两区的五所国家或省级示范、重点职高中开展从人才培养方案到课程、教材、队伍、基地建设，实训实习、教育教学环节过程管理、考试考核、质量监控测评、招生就业等十余个环节，从中职到高职专科、本科的立体化全方位衔接，中高职院校一起来整体打造、分段实施，在取得区域试点经验的基础上逐步拓展扩大，积极稳妥地推进试点工作。由于地方教育行政主管部门的高度重视，合作院校的默契配合与共同努力，整个项目成效显著、顺利推进，于 2014 年的省级评审中得到专家和领导们的充分肯定与一致好评，成为了 8 个顺利转段的项目之一，并于 2014 年 10 月开始了"基于终身教育背景下的现代职业教育体系建设"的新一阶段改革试点工作，继续以一体化办学为模式，以构建现代职教体系为目标，以开办中高职衔接一体化试点班为载体，将试点范围扩大到了社会需求旺盛的 8 个专业和包括广巴甘凉等老少边穷地区在内的十余个市州的近 30 所学校，共 3000 多名学生，呈现出蓬勃向上的良好发展势头，进一步巩固扩大了试点成果和效应，正向着更高的目标奋力推进。

探索的实践使我们深切感受认识到，中高职衔接不是做样子、喊口号、走过场，也不是相互借光搞生源，更不是一时兴趣、追名逐利的功利之举，而是一种改革创新、一种教育体制机制改革、一种全新教育体系的建立，更是一场教育教学思想理念、人才培养模式、办学思路手法的大变革、大更新，必须首先更新意识观念，在教育行政主管部门、中高职院校领导和师生员工及家长中凝聚共识，统一思想和行动，必须从办学思想理念、人才培养方案、人才培养目标规格、思路做法、内容方式等涉及人才培养质量的现实的重大基本问题的研究解决做起，必须俯下身子，脚踏实地干，来不得半点虚妄和草率，教材建设就是这众多重点建设工作之一。

教材之所以重要，是因为教材是教人之材，是人才培养的基本依据和指南。教材编写的指导思想、思路做法、内容体例、难易程度，直接体现着教育教学改革的思想理念和相应成效，直接决定着教材与人才培养的质量，决定着教育教学改革的成败，决定着教材自身和教育教学改革的生命力。因此，教材编写殊非易事。教材编写很难，编写新教材更难，编写改革创新性的教材，特别是中职、高职专科、应用型本科三大层面的老师们汇聚一起，要打破各自为阵、不相往来的传统格局，以全新的理念思路和目标要求来编写中高职一体化整体打造、分段实施、适应特定需求的好教材更是难上加难。没有强烈的事业心、高度的责任感、巨大的勇气和改革创新精神，没有非凡的视野与胆识，没有高超的艺术与水平，没有高尚的情操和吃苦耐劳的品质，是很难担当胜任这一繁难、开创性的工作的。更何况中职、高职专科、本科院校强强联合组建编写团队的事情本身就是中高职衔接和现代职教体系建设的最佳体现。然而，我们的编者们，在主编的率领、大家的共同努力、相关方面的支持下，历时数载，召开了无数次研讨会，数易其稿，历尽艰辛地做到了，而且是高标准、严要求地做得很好，为中高职衔接、为现代职教体系的建立、为高素质高技能应用型人才的培养付出了艰辛的劳动，做出了巨大的贡献。值得欢呼、值得庆幸、值得赞赏！

这是一套开创性的系列教材，先期包括了应用电子技术、数控技术专业，是为最早试点的专业编写的，是破冰之举。一花迎来万花开，紧随其后将有逐步加入试点行列的其他专业的课程教材。纵观已经编出的9册蓝本，发现除去专业、行业特色难以尽述之外，尚有以下三个突出的特点：

一是满足岗位需求，贯通知识与技能。针对岗位需求，教材编写者调研、分析了中职、高职乃至应用型本科各段对应的典型工作任务、岗位能力需求，构建了应用电子技术、数控技术专业衔接一体化课程体系，以岗位能力需求为指引，按分段培养、能力递增、贯通衔接课程各段知识与技能的原则编撰而成，具有很强的针对性。

二是满足质量升学，贯通标准与测评。在理清典型岗位工作任务的基础上，编者们分别制定了中高职衔接课程标准和专业能力标准，并将知识点、技能点、测试点融入相应衔接教材中，全程贯通按课程标准一体化培养、按能力标准一体化测试，确保人才培养质量，实现质量升学要求，具有很强的科学性。

三是满足职业要求，贯通能力与素养。本套教材编入了大量实用的工作经验和常见的工作案例，引用了很多典型工作任务的解决方法和示例，以期实现在提高专业能力的同时，提升专业素养，适应从业要求，满足职业要求的目的，具有很强的实用性。

当然，这毕竟是一种开创性、探索性很强的工作，尽管价值意义和巨大成效不可低估，却仍然存在还没涵盖所有课程，还需要进一步升华提炼，也与众多新事物一样，尚需接受实践的检验，有待进一步优化和完善等问题。但瑕不掩瑜，作为中高职衔接的奠基之作，不失为一套值得肯定、赞赏、推广、借鉴的好教材。

是以为序。

四川职业技术学院党委书记　王金星
四川省教改试点项目组组长
2016年　初夏

# 应用电子技术专业中高职衔接教材编写委员会

为了深入贯彻《国家中长期教育改革和发展规划纲要》、教育部《关于全面提高高等职业教育教学质量的若干意见》(教高〔2006〕16 号)、《高等职业教育"十二五"改革和发展规划》和《教育部、财政部关于进一步推进"国家示范性高等职业院校建设计划"实施工作的通知》(教高〔2010〕8 号)文件精神,深入开展中高职立交桥的试点探索工作,按照《构建终身教育体系与人才培养立交桥,全面提升职业院校社会服务能力》省级项目的建设方案,决定成立遂宁市应用电子技术专业中高职衔接教材编写委员会,负责组织和落实应用电子技术专业中高职教材编写工作。

## 一、编写原则

按示范建设的总体要求,教材编写必须把握以下原则:

### 1. 针对性

全面分析遂宁及成渝经济区电子企业的岗位能力要求,引入相应的技能标准,教材内容一定要满足遂宁及成渝经济区电子企业的知识要求,技能训练一定要针对遂宁及成渝经济区电子企业典型工作岗位技能要求。

### 2. 职业性

要体现电子行业的职业需求,体现电子行业的职业特点和特性。教材编写时,要设计教与学的过程中能融入专业素质、职业素质和能力素质的培养,将素质教育贯穿到教学的始终。

### 3. 科学性

教材的内容要反映事物的本质和规律,要求概念准确,观点正确,事实可信,数据可靠。对基本知识、基本技能的阐述求真尚实。要理论联系实际,注重理论在实践中的应用;要突出区域内电子企业的适用技术和技能;要满足学生从业要求。

### 4. 贯通性

中高职教材在知识体系上要有机衔接,分段提高;在技能目标上要夯实基本,分层提升;在职业素养、职业能力上要持续培养,和谐统 。原则上中职教材以中职教师为主,高职参与;高职教材以高职教师为主,中职参与;由中高职联合进行教材主审。

### 5. 可读性

用词准确,修辞得当,逻辑严密;文字精炼,通俗易懂,图文并茂,案例丰富,可读性强。

## 二、应用电子技术专业教材编写委员会

**顾 问：**
王金星　四川职业技术学院党委书记　教授
张永福　遂宁市教育局局长

**编委会主任：**
何展荣　四川职业技术学院副院长　教授

**副主任：**
何　军　四川职业技术学院电子电气工程系主任　教授（执行副主任）
祝宗山　遂宁市教育局副局长
曹　武　遂宁市教育局办公室主任
林世友　遂宁市教育局职成科科长
刘　进　四川职业技术学院中高职衔接试点办主任　副教授

**企业委员：**
黄　飞　四川南充三环电子有限公司总经理　　　高级工程师
刘文彬　四川柏狮光电科技有限公司人事总监　　高级工程师
王会轩　四川深北电路科技有限公司技术部长　　工程师
艾克华　四川英创力电子有限公司总经理　　　　工程师
邓　波　四川立泰电子科技有限公司副总经理　　工程师

**中职学校委员：**
姚先知　遂宁市中等职业技术学校　高级讲师
董国军　射洪县中等职业技术学校　高级讲师
兰　虎　广元市中等职业技术学校　高级讲师
彭宇福　大英县中等职业技术学校　高级讲师
雷玉和　蓬溪县中等职业技术学校　高级讲师
程　静　遂宁市安居高级职业中学　讲师
蔡天强　船山区职教中心　　　　　讲师

**高职学院委员：**
吴　强　泸州职业技术学院电子工程系主任　　　　　教授
肖　甘　成都纺织高等专科学校电气信息工程学院院长　教授
张小琴　重庆工业职业技术学院　　　　　　　　　　教授
黄应祥　宜宾职业技术学院电子信息与控制工程系　　副教授
杨立林　四川职业技术学院电子电气系总支书记　　　副教授
唐　林　四川职业技术学院副主任　　　　　　　　　副教授
王长江　四川职业技术学院　　　　　　　　　　　　副教授
王志军　四川职业技术学院　　　　　　　　　　　　副教授
蒋从元　四川职业技术学院　　　　　　　　　　　　副教授
黄世瑜　四川职业技术学院　　　　　　　　　　　　副教授

本科学校委员：
刘俊勇　四川大学电气信息学院院长　　　　教授、博导
刘汉奎　西华师范大学电子信息学院副院长　教授

## 三、规划编写教材

### 1. 中职规划教材

| | | |
|---|---|---|
| 电工技术基础与技能训练 | 主　编： | 王长江　何　军 |
| 电子技术基础与技能训练 | 主　编： | 黄世瑜　李　茂 |
| 单片机技术基础与应用 | 主　编： | 刘　宸　蒋　辉 |
| 电子产品装配与调试 | 主　编： | 邓春林　唐　林 |
| 电热电动器具原理与维修 | 主　编： | 马云丰 |
| 电气控制与PLC实用技术教程 | 主　编： | 何　军　谢大川 |

### 2. 高职规划教材

| | | |
|---|---|---|
| 电路分析与实践 | 主　编： | 王长江　程　静 |
| 电子电路分析与实践 | 主　编： | 黄世瑜　李　茂 |
| PLC技术应用 | 主　编： | 郑　辉　蔡天强 |

## 四、支持企业

四川立泰电子科技有限公司
四川柏狮光电有限公司
四川南充三环电子有限公司
四川大雁电子科技有限公司
四川深北电路科技有限公司
四川雪莱特电子科技有限公司

应用电子技术专业中高职衔接教材编写委员会

# 前　言

本书是根据教育部《关于推进中等和高等职业教育协调发展的指导意见》（教职成[2011]9号）文件精神，为探索实践系统培养、中高职衔接，贯通人才培养通道，结合中职学生的认知规律，对接国家职业标准，按照中高职衔接应用电子技术专业人才培养目标，经过系统化设计，在明确中高职课程各自教学重点后编写的中职专业教材。中等职业学校学生通过本课程的学习，在掌握必备专业知识的同时具备相关工种的技术技能，可以考取相应的技术等级证书。

本书可以作为中等职业学校应用电子技术专业和相关专业的教学用书或技能培训教材。本书具有如下特点：

突出中高职衔接，设计课程教学内容；

对接国家职业标准，培养职业技能和素质；

创新结构体系形式，实现学做练评思一体化；

强调实用能用好用，体现一书多用不同角色。

全书共有六个学习项目，项目一由四川职业技术学院王长江编写，项目二由四川职业技术学院赵国华编写，项目三由射洪县中等职业技术学校李建勋编写，项目四由四川职业技术学院何军编写，项目五由四川职业技术学院蒋从元编写，项目六由四川职业技术学院梁彦编写，技能训练由遂宁市安居高级职业中学程静编写，附录由蓬溪县中等职业技术学校雷玉和编写。

本书由四川职业技术学院王长江副教授、何军教授担任主编，并负责全书的总体规划和定稿统稿工作。由重庆工业职业技术学院张小琴教授和大英县中等职业技术学校高级讲师彭宇福担任主审。

本书在编写过程中参考了大量的文献资料，谨向文献作者表示由衷的感谢。遂宁市应用电子技术教育理事会成员单位的专家提出了宝贵意见和建议，在此表示诚挚的谢意。

由于编者水平有限，书中难免有错漏与不足之处，恳请读者批评指正。

编者

2016年6月

# 目 录

项目一　电路基本概念 ········································································· 1
　学习指南 ··················································································· 1
　任务一　认识电路 ········································································· 2
　　一、观察电路的基本组成 ···························································· 2
　　二、观察电路的工作状态 ···························································· 2
　　三、认识电路图 ········································································ 2
　任务二　测量电流 ········································································· 3
　　一、认识电荷 ··········································································· 3
　　二、认识电流 ··········································································· 4
　任务三　测量电压 ········································································· 5
　　一、认识电压 ··········································································· 5
　　二、认识电位 ··········································································· 6
　　三、测量电压 ··········································································· 7
　任务四　计算电功率 ······································································ 7
　　一、认识电功 ··········································································· 7
　　二、计算电功率 ········································································ 8
　　三、认识额定值 ········································································ 8
　任务五　认识电动势 ···································································· 10
　　一、认识电源 ········································································· 10
　　二、认识电动势 ······································································ 11
　任务六　识别电阻元件 ································································· 12
　　一、认识电阻 ········································································· 12
　　二、识别电阻器 ······································································ 13
　　三、识读电阻标称值 ································································ 14
　任务七　识别电容元件 ································································· 16
　　一、认识电容 ········································································· 16
　　二、识别电容器 ······································································ 17
　　三、学习电容器的连接 ····························································· 18
　任务八　识别电感元件 ································································· 20
　　一、认识电感 ········································································· 20
　　二、认识电感器 ······································································ 20

三、学习电感器的检测……21
　技能训练一　电阻元件的识别与检测……23
　巩固练习一……24
　学习总结……26
　自我评价……27

## 项目二　直流电路……29

　学习指南……29
　任务九　学习欧姆定律……30
　　一、认识部分电路的欧姆定律……30
　　二、探究全电路的欧姆定律……30
　任务十　分析电阻串联电路……32
　　一、观察电阻串联电路……32
　　二、分析电阻串联电路的特点……33
　任务十一　分析电阻并联电路……35
　　一、观察电阻并联电路……35
　　二、分析电阻并联电路的特点……35
　任务十二　探索基尔霍夫电流定律……38
　　一、认识几个有关电路结构的基本术语……38
　　二、学习基尔霍夫电流定律……39
　任务十三　探索基尔霍夫电压定律……41
　　一、学习基尔霍夫电压定律……41
　　二、熟悉基尔霍夫电压定律的推广……41
　技能训练二　直流电路的连接与测量……43
　巩固练习二……45
　学习总结……47
　自我评价……49

## 项目三　单相交流电路……50

　学习指南……50
　任务十四　认识单相交流电……51
　　一、观察交流电……51
　　二、认识交流电的三要素……51
　　三、描述同频率交流电的相位关系……53
　任务十五　分析纯电阻交流电路……55
　　一、分析电压与电流关系……55
　　二、计算电路的功率……56
　任务十六　分析纯电感交流电路……59

一、分析电压与电流的关系 ·········································· 59
　　二、计算电路的功率 ·················································· 60
　任务十七　分析纯电容交流电路 ·········································· 62
　　一、分析电压与电流关系 ············································ 62
　　二、计算电路的功率 ·················································· 64
　任务十八　分析 RL 串联电路 ············································· 65
　　一、分析电压与电流间的关系 ······································ 65
　　二、认识电路的阻抗 ·················································· 66
　　三、计算电路的功率 ·················································· 66
　任务十九　提高交流电路的功率因数 ···································· 69
　　一、认识电路的功率因数 ············································ 69
　　二、提高功率因数的意义 ············································ 70
　　三、提高功率因数的方法 ············································ 71
　技能训练三　导线的剥削与连接 ········································· 73
　技能训练四　照明电路配电板的安装 ···································· 74
　技能训练五　插座与白炽灯照明电路的安装 ·························· 76
　技能训练六　日光灯照明电路的安装 ···································· 78
　巩固练习三 ································································· 79
　学习总结 ···································································· 82
　自我评价 ···································································· 84

项目四　三相交流电路 ························································ 86
　学习指南 ···································································· 86
　任务二十　认识三相交流电 ·············································· 87
　　一、了解三相交流电 ·················································· 87
　　二、三相交流电的产生 ··············································· 87
　任务二十一　学习三相电源的连接 ······································ 89
　　一、三相电源的星形联结 ············································ 89
　　二、三相电源的三角形联结 ········································· 90
　任务二十二　学习三相负载的连接 ······································ 92
　　一、认识单相负载和三相负载 ······································ 92
　　二、三相负载的星形联结 ············································ 94
　　三、三相负载的三角形联结 ········································· 95
　任务二十三　计算三相电路的功率 ······································ 97
　任务二十四　学会安全用电 ·············································· 100
　　一、触电伤害与形式 ·················································· 100
　　二、安全用电 ··························································· 100
　　三、急救措施 ··························································· 101

· XI ·

技能训练七　三相负载的星形联结 …… 104
　　技能训练八　三相负载的三角形联结 …… 105
　　巩固练习四 …… 107
　　学习总结 …… 109
　　自我评价 …… 110

**项目五　变压器** …… 111
　　学习指南 …… 111
　　任务二十五　认识磁场 …… 112
　　　一、电流的磁效应 …… 112
　　　二、磁感应强度和磁通 …… 112
　　任务二十六　探究电磁感应定律 …… 116
　　　一、电磁感应现象 …… 116
　　　二、电磁感应定律 …… 117
　　任务二十七　认识变压器 …… 120
　　　一、变压器的作用 …… 120
　　　二、变压器分类 …… 121
　　　三、变压器的基本结构 …… 121
　　任务二十八　探究变压器的基本原理 …… 123
　　　一、变压器的电压变换关系 …… 123
　　　二、变压器的电流变换关系 …… 123
　　　三、变压器的阻抗变换关系 …… 124
　　任务二十九　识读变压器的技术参数 …… 126
　　　一、变压器的运行特性 …… 126
　　　二、变压器的损耗和效率 …… 127
　　　三、变压器的额定值 …… 128
　　技能训练九　小型单相变压器的测试 …… 130
　　巩固练习五 …… 132
　　学习总结 …… 134
　　自我评价 …… 135

**项目六　交流异步电动机** …… 137
　　学习指南 …… 137
　　任务三十　认识三相异步电动机的基本结构 …… 138
　　　一、认识三相异步电动机 …… 138
　　　二、了解三相异步电动机的结构 …… 138
　　任务三十一　探究三相异步电动机的基本原理 …… 141
　　　一、探究三相异步电动机的工作原理 …… 141

  二、计算三相异步电动机的转速差与转差率 ………………………………… 142
任务三十二 学习三相异步电动机定子绕组的连接 ………………………………… 143
  一、三相定子绕组的连接方法 ………………………………………………… 143
  二、三相绕组接错的故障处理 ………………………………………………… 143
任务三十三 识读三相异步电动机的铭牌数据 ………………………………………… 145
任务三十四 认识单相异步电动机的结构和铭牌 ……………………………………… 148
  一、认识单相异步电动机的结构和分类 ……………………………………… 148
  二、识读单相异步电动机的铭牌 ……………………………………………… 149
任务三十五 学习交流异步电动机的使用与维护 ……………………………………… 151
  一、电动机的选型 ……………………………………………………………… 151
  二、电动机的运行检查 ………………………………………………………… 151
  三、电动机的日常维护 ………………………………………………………… 151
技能训练十 交流异步电动机的简单检测 ……………………………………………… 153
巩固练习六 ………………………………………………………………………………… 155
学习总结 …………………………………………………………………………………… 156
自我评价 …………………………………………………………………………………… 157
附录A 常用电工指示仪表面板说明 ……………………………………………………… 159
附录B 数字万用表 …………………………………………………………………………… 161
附录C 钳形表和兆欧表 ……………………………………………………………………… 164
参考答案 …………………………………………………………………………………… 167
参考文献 …………………………………………………………………………………… 170

# 项目一

# 电路基本概念

 学习指南

**项目描述：**

电路基本概念是从事电工工作、探索电工奥秘必备的基础知识。电流、电压、电功率是电路的基本物理量，电阻元件、电容元件、电感元件、电源元件是电路的基本元件。

**学习目标：**

| 学习任务 | 知识目标 | 基本技能 |
|---|---|---|
| 认识电路 | ① 明确电路的基本组成；<br>② 熟悉电路的主要功能；<br>③ 掌握电路的工作状态 | ① 会画出简单电路的电路图 |
| 测量电流 | ① 了解电荷的基本特性；<br>② 熟悉电流及其实际方向；<br>③ 掌握电流的测量 | ① 学会直流电流表的使用方法；<br>② 能用直流电流表测量直流电流 |
| 测量电压 | ① 熟悉电压及其实际方向；<br>② 熟悉电位及其电位参考点；<br>③ 掌握电压的测量 | ① 学会直流电压表的使用方法；<br>② 能用直流电压表测量直流电压 |
| 计算电功率 | ① 掌握电功与电功率公式；<br>② 理解电气设备额定值 | ① 会识读电气设备的额定值；<br>② 能计算电能和电功率 |
| 认识电动势 | ① 熟悉电源作用及其电路符号；<br>② 理解电动势及其方向 | ① 会判断电动势与端电压的方向 |
| 识别电阻元件 | ① 熟悉常用电阻元件及其参数；<br>② 掌握电阻伏安关系和功率公式；<br>③ 掌握电阻标称值的标识 | ① 会识别电阻元件；<br>② 会识读电阻标称值；<br>③ 会用万用表测量电阻 |
| 识别电容元件 | ① 熟悉常见电容元件及其参数；<br>② 掌握电容的串联与并联 | ① 会识别检测电容元件；<br>② 会分析电容的串并联 |
| 识别电感元件 | ① 熟悉常见电感元件；<br>② 了解电感的串并联 | ① 会识别电感元件；<br>② 会检测电感元件 |

# 任务一　认识电路

## 一、观察电路的基本组成

**电路**是由电工、电子器件或设备根据功能需要，按照某种特定方式连接而成的。例如，将蓄电池和灯泡经过开关用导线连接起来，就构成一个简单的照明电路，如图1.1（a）所示。蓄电池是提供电能的元件，称为**电源**；灯泡是取用电能的器件，称为**负载**；导线和开关称为**中间环节**，用来连接电源与负载，起分配与控制电能的作用。一个实际电路不管多么复杂，但从电路的本质来说，都是由电源、负载和中间环节这三个基本组成部分组成的。

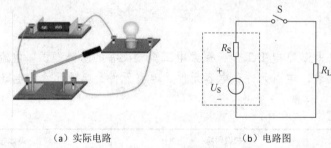

（a）实际电路　　　　　　（b）电路图

图1.1　简单照明电路

虽然现实中电路形式多种多样，但从**电路功能**来看，大体可分为两类：一类是实现电能的传输、分配和转换，如高压输电线路和家庭照明电路等，习惯上常称为"强电"电路；另一类是实现电信号的传递和处理，如电话线路和计算机线路等，习惯上也常称为"弱电"电路。

## 二、观察电路的工作状态

图1.1（a）所示的照明电路有通路、断路和短路三种基本工作状态。

**通路**：又称为有载状态。当开关闭合后，电源与灯泡接通，灯泡发亮的工作状态称为通路状态，简称通路。

**断路**：又称空载状态。当开关断开时，电源没有接上灯泡，灯泡不亮的状态称为断路状态，简称断路。

**短路**：如果用导线直接将电源两端连在一起，此时电源处于短路状态。电源短路会造成火灾、设备损坏等重大事故，应采取安全防护措施，通常在电路中接入熔断器或自动断路器，以便在发生短路时，迅速将故障电路自动切除。

## 三、认识电路图

在图1.1（a）所示的照明电路中，蓄电池可以用电压源$U_S$与内电阻$R_S$串联的模型表示，灯泡可用单一的电阻 $R_L$ 模型表示，开关用图形符号 S 表示，便得到图 1.1（b）所示的电路图。

### 特别提示

实际电路是由电工设备和器件等组成，它们的电磁性质较为复杂，难以用精确的数学方法来描述。因此，对实际电路的分析和计算，需将实际电路元件理想化，即在一定条件下突出其主要的电磁性质，忽略次要因素，把它近似地看作理想元件。如电炉通电后，会产生大量的热（电流的热效应），呈电阻性，可以理想化地认为电炉是一个电阻元件。

在今后学习中，我们所接触的电阻元件、电感元件、电容元件等，若没有特殊说明，均表示为理想元件，分别由相应的参数来描述，用规定的图形符号来表示。

### 想一想

#### 实际电路

在图 1.1（a）所示的照明电路中，电源可以用交流电代替——这就是实际生活中的照明电路；如果用充电电池代替——这就是应急灯或安全通道指示器。

负载可以用发光二极管替换发光（如在大街上或繁华商业区经常可以看见的大屏幕显示器大多用的就是发光二极管）；用电热器替换发热（各种各样的电炉、电暖器）；用扬声器替换发出声音（日常生活中的收音机、电视伴音、立体声音响、随身听、手机听筒）；用电动机代替实现转动（洗衣机、电钻、汽车等各种运输工具）。

中间起控制作用的部分可以是普通开关，也可以是光控开关（路灯、各种小夜灯、打印机传真机进纸控制等）、热敏开关（防盗报警器、自动感应门铃等），还可以是力敏器件（电子秤、推力器等）、气敏元件（煤矿瓦斯检测、家庭煤气泄漏报警、驾驶员饮酒测试）、热敏器件（温度监测）等。

### 练一练

1. 电路由_____、_____和_____三个基本部分组成。
2. 电路的功能大体分为_____和_____两类。
3. 电路有_____、_____和_____三种工作状态。

## 任务二　测量电流

### 学一学

#### 一、认识电荷

当人们移动羊毛衫或走在地毯上受到静电冲击时，就会体验到电荷的作用和影响。事实上，人类很早就观察到"摩擦起电"现象，并认识到电荷有正电荷和负电荷两种，由丝绸摩擦的玻璃棒所带的电荷叫做**正电荷**，由毛皮摩擦的橡胶棒所带的电荷叫做**负电荷**。当时因不明白电的本质，认为电是附着在物体上的，因而称其为"电荷"，虽然人类对电的认识发展了，但电荷的名称却沿用下来。

**电荷的基本特性**是它的可移动性，即电荷的移动。电荷可以从一个地方流动到另一个地方。把一根导线连接到电池的两端时，就会有电荷移动。正电荷向一个方向移动而负电荷向相反方向移动，这种电荷的运动就产生了电流。

## 二、认识电流

**电流**是在电源作用下电荷有规则运动时形成的，电流也是用来衡量电流强弱的物理量。这样，"电流"一词不仅代表一种物理现象，也代表一个物理量。

电流主要分为两类：一类是电流的大小和方向不随时间发生变化，称为直流电流（Direct Current，简写为 DC），简称直流，用大写字母 $I$ 表示，这时的电源为直流电源。例如，电池就是一种常见的直流电源。另一类是电流的大小和方向均随时间发生变化，称为交变电流（Alternating Current，简写为 AC），简称交流，用小写字母 $i$ 表示。工业生产和生活用电大多数是交流电源。

习惯上把正电荷运动方向规定为**电流的实际方向**。因此，在分析简单直流电路时，可以确定电流的实际方向是由电源的正极性端流出的，如图 1.2 实线箭头所示。

本书中的物理量采用国际单位制（SI）单位。**电流的 SI 单位**是 A（安[培]），有时也会用到 kA（千安）、mA（毫安）、μA（微安），它们之间的换算关系为

$$1kA=10^3 A,\ 1A=10^3 mA,\ 1mA=10^3 \mu A$$

## 三、测量电流

测量电流的工具是**安培表**（又称电流表），用安培表如何测量电流如图 1.2 所示。首先确定安培表的量程，该量程必须大于可能流过的电流值（被测电流）；然后按图 1.2 所示电路将安培表串联在电路中。注意，安培表的正负接线柱的接法必须是电流从正接线柱流入，从负接线柱流出。

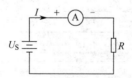

图 1.2　电流的方向和电流的测量

### ✏ 特别提示

> 金属导体中的电流实际上是"电子"定向运动产生的。可见，"规定的电流方向"与实际电子运动的方向是相反的。产生这样的认识错误，是由于美国的本杰明·富兰克林的误解。1897 年英国汤姆生发现电子的时候，这个观念已经渗入到全世界，不过，由于没有因这个认识产生计算错误的情况发生，所以，今天"电子在正的方向流动，那个相反的流动则作为电流"成为约定的认识。

 想一想

### 电流对人体的伤害

电流流过人体可能引起的伤害可分为电击和电伤两种类型。电击是指电流流过人体时使呼吸器官、心血管和神经系统受到损害；电伤是由于电弧或保险丝熔断时飞溅的金属粉末等对人体的外部伤害，如烧伤、金属溅伤等。电流对人体的伤害程度取决于人体电流的大小、途径和时间的长短。人体对电的感知程度如表1.1所示，从表1.1中可以看出，如果流过人体的电流达到30mA就会有相当的危险。

表1.1 不同电流下人体的生理反应

| 电流大小 | 感知程度 |
| --- | --- |
| 1mA | 感觉麻痹 |
| 5mA | 感觉相当痛 |
| 10mA | 感觉无法忍受的痛苦 |
| 20mA | 肌肉收缩不能动弹 |
| 30mA | 相当的危险 |
| 100mA | 已达致命的程度 |

 练一练

1. 如果电流的大小和方向不随时间发生变化，就称为_____，简写为_____；如果电流的大小和方向均随时间发生变化，就称为_____，简写为_____。
2. 电流的方向习惯上规定为_____移动方向。用安培表测量被测电流时，应将安培表_____在被测电路中。
3. 500mA=_____A，2.5A=_____mA，0.05mA=_____μA。

## 任务三　测量电压

### 学一学

### 一、认识电压

为了让电子定向流动形成电流，必须要有电压，**电压是产生电流的根本原因**。就像水从高位置处向低位置处流动一样，电流从高电位向低电位流动，如图1.3所示。和水位类似，电位的差称为电位差。为使电子能流动，作为推动的力量——电位差一般被称为电压。

与电流一样，电压有直流电压和交流电压。直流电压用大写字母 $U$ 表示，如电池通常产生的是直流电压；交流电压用小写字母 $u$ 表示，如交流发电机产生的是交流电压。

**电压的实际方向**规定为高电位指向低电位，即电位降的方向。如图1.4所示，图中a

点标以"＋",极性为正,称为高电位;b 点标以"－",极性为负,称为低电位;电压 $U$ 的方向由 a 点指向 b 点。

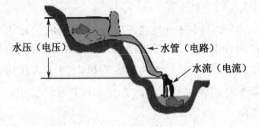

图 1.3  水流和电流的对比

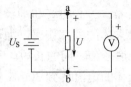

图 1.4  利用伏特表测量电压

**电压的 SI 单位**是 V(伏[特]),有时也会用到 kV(千伏)、mV(毫伏)、μV(微伏),它们之间的换算关系为

$$1kV=10^3V,\quad 1V=10^3mV,\quad 1mV=10^3\mu V$$

## 二、认识电位

电路中某点至参考点的电压称为**电位**。电位用单下标表示,如 a 点电位,用符号 $V_a$ 表示。电位实质上就是电压,其 SI 制单位也是 V(伏[特])。

通常设参考点的电位为零。某点电位为正,说明该点电位比参考点电位高;某点电位为负,说明该点电位比参考点电位低。如 A 点电位 $V_A=-10V$,表明 A 点电位比参考点电位低 10V;B 点电位 $V_B=8V$,表明 B 点电位比参考点电位高 8V。

理论上**电位参考点的选取**是任意的,但实际应用中经常以大地作为电位参考点。当设备和仪器的底盘或机壳与接地装置相连时,常选取与接地装置相连的机壳作为电位参考点;电子技术中为了方便问题的分析与研究,常常把电子设备的公共连接点作为电位参考点。

电路中 a、b 两点的电压等于其两点间的电位差,即

$$U_{ab}=V_a-V_b \tag{1.1}$$

式中,$V_a$、$V_b$ 分别表示 a 点、b 点的电位。

电路中两点间的电压是不变的,电位随参考点(零电位)选择的不同而不同。在电路分析计算中,参考点一经选定,则不再改变。

**例 1.1**  设 $U_{ab}=3V$,$U_{ac}=2V$,若以 b 点为参考点,试求:(1)a 点和 c 点的电位;(2)c、b 两点间的电压。

解:(1)以 b 点为参考点,则 b 点电位为零,即 $V_b=0$

因 $U_{ab}=V_a-V_b$,故

$$V_a=U_{ab}+V_b=(3+0)V=3V$$

因 $U_{ac}=V_a-V_c$,故

$$V_c=V_a-U_{ac}=(3-2)V=1V$$

(2)c、b 两点间电压为

$$U_{cb}=V_c-V_b=(1-0)V=1V$$

## 三、测量电压

测量电压的工具是**伏特表**（也称电压表）。将伏特表连接到被测元件的两端，即可测得电压，这种连接方式称为并联。伏特表的量程必须大于被测电压值。伏特表的正接线柱必须与电路的正端相连，负接线柱必须与电路的负端相连。测量元件两端电压的伏特表连接如图1.4所示。

**特别提示**

若电路中a、b两点间电压的计算结果为 $U_{ab}=0$，则表示a、b两点是等电位。若两等电位点之间原无导线连接，则用导线连接这两点后，此导线中无电流通过。高压带电作业时，要求人与导线管等电位，这样人体无电流通过，因此，不会造成人体触电事故。

**想一想**

### 安全电压

人体触电电流大小与人体所触及电压大小和人体电阻大小有关。人体皮肤的电阻最大，但会因燥湿或出汗而大大地降低。当皮肤干燥时、完整时可以达到 $10\text{k}\Omega$；而潮湿或受到损坏时，人体电阻会降低到 $1\text{k}\Omega$ 左右。

把人体触电电流的安全极限与人体电阻相乘，即可确定触电的安全电压。根据环境的不同，我国规定的安全电压是：在危险性较低的建筑物中（如木板、瓷地板等）为36V；在危险的建筑物中（如泥土、钢筋混泥土等）为24V；在特别危险的建筑物中（如铸工、化工的大部分车间、隧道、矿井等场所）为12V。

**练一练**

1. 电压是产生_____的根本原因，电压的实际方向规定为_____。
2. 参考点的电位为_____。已知 $V_a=2\text{V}$，说明a点电位比参考点电位高_____。
3. 已知 $V_A=12\text{V}$，$V_B=6\text{V}$，则A、B两点间电压 $U_{AB}$ 为_____。
4. 电路中a、b两点电压 $U_{ab}=10\text{V}$，a点电位 $V_a=4\text{V}$，则b点电位为_____。
5. 电路中任意两点电位的差值称为_____。

# 任务四　计算电功率

**学一学**

## 一、认识电功

电流通过用电设备要做功，电流所做的功称为**电功**（也称为电能）。电流在某段电路所

做的电功,等于这段电路的端电压与通过这段设备的电流及通电时间的乘积,即

$$W = IUt \tag{1.2}$$

式中,$W$ 为电功,$I$ 为电流,$U$ 为电压,$t$ 为通电时间。

在 SI 单位制中,电流的单位是 A,电压的单位是 V,时间的单位是 s(秒),则电功的单位是 J(焦[耳])。在工程和生活中,**电功的常用单位**是 kW·h(千瓦时,俗称"度")。1 kW·h 俗称 1 度电,即 1 千瓦的用电设备在 1 小时内用的电能。

$$1 \text{ kW·h} = 10^3 \text{W} \times 3600\text{s} = 3.6 \times 10^6 \text{J}$$

当你缴纳电费时,都是以电能的千瓦时为单位计价的。例如,一个 100W 的灯泡持续照明 10h(小时),消耗的电能为 1 度电。

**用户用电量是由用户安装的电能表来测量的。电能表也叫电度表**,以 kW·h 作为计量单位,家用电能表通常安装在家庭电路的干路上,一般家庭使用的是 DD 系列的电能表,如 DD862。

## 二、计算电功率

在电工学中,把单位时间内电流所做的功称为**电功率**(简称功率),其数学表示为

$$P = \frac{W}{t} \tag{1.3}$$

将式(1.2)代入,即得**电功率计算公式**为

$$P = IU \tag{1.4}$$

在 SI 单位制中,电流的单位是 A,电压的单位是 V,则**电功率的单位为** W(瓦)。在电力系统中,常用 kW(千瓦)或 MW(兆瓦)为功率单位,弱电工程中,常用 mW(毫瓦)。它们之间的换算关系为

$$1\text{MW} = 10^3 \text{kW},\ 1\text{kW} = 10^3 \text{W},\ 1\text{W} = 10^3 \text{mW}$$

**例 1.2** 某实验室有电灯 10 盏,每盏灯功率为 100W,该实验室每天工作 4 小时,问一个月(以 30 天计)消耗电能多少度?

**解**:设实验室电灯的总功率为 $P$,则

$$P = 10 \times 100\text{W} = 1000\text{W} = 1\text{kW}$$

一个月实验室电灯的用电时间为 $t$,则

$$t = 4 \times 30\text{h} = 120\text{h}$$

一个月的用电量为

$$W = Pt = 1 \times 120\text{kW·h} = 120\text{kW·h} = 120 \text{ 度}$$

## 三、认识额定值

额定值是产品在给定工作条件下保证电气设备安全运行而规定的容许值,它是指导用户正确使用电气设备的技术数据。任何电气设备都规定了相应的**额定值**,如额定电压 $U_N$、

额定电流 $I_N$ 和额定功率 $P_N$。

额定值通常标在设备的铭牌上或在说明书中给出。例如,一盏白炽灯上标有"220V、60W",表示这盏灯的额定电压为 220V,额定功率为 60W,如电压过高、电流过大时,灯丝将烧断;电压过低、电流过小时,白炽灯的亮度将降低。

当通过电气设备的电流等于额定电流时,称为**满载**工作状态。电流小于额定电流时,称为**轻载**工作状态。超过额定电流时,称为**过载**工作状态。

为了使设备在额定状态下正常工作,应选择合适的线缆。用于灯具照明的可使用单芯线 $1.5mm^2$;用于插座的为单芯线 $2.5mm^2$;3 匹空调以上用单芯线 $4\ mm^2$;总进线(干线)选用 $6\ mm^2$。

### 特别提示

电气设备的额定值不一定等于使用时达到的实际值。例如,一盏额定电压 220V、额定功率 40W 的日光灯,在使用时接到 220V 的电源上,由于电源电压经常波动,稍高于或低于 220V,这样日光灯的实际功率就不会等于额定功率 60W 了。

### 家庭用电账单

供电商是按每月家庭消耗的电能来收取电费的。但是在美国,即使消费者没有消耗电能,仍然要付供电基本服务费,用电越多,所收取的电费越低。常用家用电器的用电量如表 1.2 所示。

表 1.2 常用家用电器的用电量

| 电器名称 | 一般功率(W) | 估计用电量(kW·h) |
| --- | --- | --- |
| 窗式空调 | 800~1300 | 最高每小时 0.8~1.3 |
| 家用电冰箱 | 65~130 | 大约每日 0.85~1.7 |
| 家用双缸洗衣机 | 380 | 最高每小时 0.38 |
| 微波炉 | 950~1500 | 每 10 分钟 0.16~0.25 |
| 电热淋浴器 | 1200~2000 | 每小时 1.2~2 |
| 电水壶 | 1200 | 每小时 1.2 |
| 电饭煲 | 500 | 每 20 分钟 0.16 |
| 电熨斗 | 750 | 每 20 分钟 0.25 |
| 理发吹风器 | 450 | 每 5 分钟 0.04 |
| 吸尘器 | 400~850 | 每 15 分钟 0.1~0.21 |
| 吊扇大型 | 150 | 每小时 0.15 |
| 吊扇小型 | 75 | 每小时 0.08 |
| 电视机 25 英寸 | 100 | 每小时 0.1 |
| 录像机 | 80 | 每小时 0.08 |
| 音响器材 | 100 | 每小时 0.1 |

## 练一练

1. 1kW·h 俗称_____电,即 1 千瓦的用电设备在_____小时用的电能。
2. 用户用电量是由用户安装的_____来测量的,以_____作为计量单位。
3. 一个 100W 的灯泡持续照明 20h,消耗的电能为_____度。
4. 任何电气设备都规定了相应的额定值,如_____、_____和_____。
5. 一盏日光灯上标有"220V、40W",表示这盏灯的额定电压为_____V,额定功率为_____W。
7. 一个用电器的额定电压为220V,额定电流为2A,则该用电器的电功率为_____W。

# 任务五　认识电动势

## 一、认识电源

任何实际电路或电气设备的工作都离不开电源,如电视机、电冰箱、空调、通信设备、计算机等,通常把电路中提供电能或电信号的装置称为**电源**(Source)。电源分直流电源和交流电源。常见的直流电源有干电池、蓄电池、直流发电机、直流稳压电源等。常见的交流电源有交流发电机、电力系统提供的正弦交流电、交流稳压电源以及各种信号发生器等,如图 1.5 所示。

(a) 计算机电源

(b) 蓄电池

(c) 直流稳压源

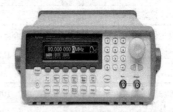
(d) 信号发生器

图 1.5　各种电源

根据这些电源的作用，电源可分为电压源和电流源。电压源以电压形式向外提供电能，如个人计算机中的电源，它可以提供 3.3V（CPU、南北桥芯片、DDR 内存、PCI 接口）、5V（TTL 接口、USB、软驱）、12V（CMOS 器件、散热风扇、硬盘、光驱、RS-232 接口等多种电压；电流源以电流形式向外提供电能，如太阳能电池，当受到太阳光照射时，光电池将被激发产生电流，该电流与入射光的强度成正比。**本书所说的电源，没有特别说明时，指的是电压源。**

**电源的电路符号** 如图 1.6 所示。图中，E 为电源的电动势，U 为电源的端电压，按照惯例，在电池的符号中，较长线代表电池的正极。

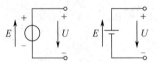

图 1.6 电源的电路符号

## 二、认识电动势

电源是将非电能转换为电能的装置，如干电池是将化学能转变为电能，发电机是将机械能转换为电能。衡量电源转换本领大小的物理量称为**电源的电动势**。电动势用符号 $E$（Electromotive Force）表示，单位与电压单位相同，即 V（伏[特]）。如 1 节干电池的电动势是 1.5V。

电动势存在于电源的内部。**电动势的实际方向**在电源内部从低电位指向高电位，即电位升的方向。电源两端的电压称为电源端电压，电源端电压方向是从高电位指向低电位，即电位降的方向，因而电源电动势与电源端电压在方向上是相反的，如图 1.6 所示。

在图 1.6 中，因电源没有与外电路连接即开路，故电源端电压等于电动势，即 $U=E$。

✏️ **特别提示**

> 当电源向外供电时，电源端电压小于电源电动势；当电源被充电时，电源端电压是大于电源电动势的，如蓄电池被充电就是这种情况。
> 在实际应用中，不能将电压源（如干电池）短路，因为短路时电流过大，会烧坏电源。

### 电池的容量

电池将化学能转变为电能，由于其化学能资源有限，所以其容量必然有限。电池的容量通常用 A·h（安培小时）额定值作为单位，安培小时额定值决定了在额定电压下能够提供给负载定值电流的时间长短。

1 安培小时额定值意味着一个电池在额定电压下能够持续 1 小时提供 1 安培的电流。相同的电池能够持续半小时提供 2 安培的电流。所以电池提供的电流越大，其寿命就越短。实际中，电池输出的电流和电压都是特定的。例如，一个汽车电池的额定值为 70 A·h，输出电流为 3.5A，即是在额定电压下可以持续 20h 提供 3.5A 的电流。

 练一练

1. 干电池、蓄电池等属于_____电源，电力系统提供的正弦交流电、各种信号发生器等属于_____电源。

2. 电源电动势的实际方向在电源内部是_____的方向,电源端电压方向是_____的方向。

3. 当电源开路时,电源端电压_____电源电动势。在实际应用中,不能将电源(如干电池)_____,否则会烧坏电源。

## 任务六　识别电阻元件

 学一学

### 一、认识电阻

电流流过导体时会受到一种阻碍作用,这种阻碍作用的大小称为**电阻**,用 $R$(Resistance 的第一个字母)表示。实验证明,导体的电阻 $R$ 跟导体长度 $l$ 成正比,跟导体横截面 $S$ 成反比,还与导体材料性质有关,这种关系用公式表述为

$$R = \rho \frac{l}{S} \tag{1.5}$$

式中,$\rho$ 表示电阻率,与物体材料性质有关,在数值上等于单位长度、单位截面积的物体在 20℃ 时所具有的电阻值。

此外。导体的电阻大小还与温度有关系,对于金属,其电阻值随温度的升高而增大,对于石墨和碳,其电阻值随温度的升高而减小。

**电阻的 SI 单位**是 Ω(欧姆)。常用的电阻单位有 kΩ(千欧)和 MΩ(兆欧),它们之间的换算关系为

$$1k\Omega = 10^3 \Omega,\quad 1M\Omega = 10^3 k\Omega = 10^6 \Omega$$

电阻的倒数称为**电导**,用 $G$ 表示,即 $G = 1/R$,单位是 S(西门子)。

电阻器的**电路符号**如图 1.7 所示,图中电阻 $R$ 两端的电压 $U$ 与流过电阻的电流 $I$ 的关系为

$$U = IR \tag{1.6}$$

电流 $I$ 流过电阻 $R$ 时要消耗功率,电阻上消耗的功率为

$$P = IU = I^2 R = \frac{U^2}{R} \tag{1.7}$$

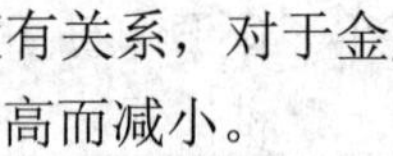

图 1.7　电阻器电路符号

## 二、识别电阻器

电阻器应用广泛，如电子产品、电气工程、自动控制、传感器等。尽管各种电阻元件的大小和形状各异，但总的来说可分为**固定电阻器和可变电阻器两大类**。

固定电阻器的种类很多，常用的有线绕式、薄膜式（碳膜、金属膜、金属氧化膜）、金属玻璃铀电阻（贴片式）等，如图 1.8 所示。线绕电阻器具有耐热性能好，稳定性高等特点，适用于大功率的场合；薄膜电阻器的特点是稳定性较好，误差小，阻值较大，但功率小；贴片电阻器具有体积小，精度高，稳定性和高频性能好的特点，适用于高精密电子产品中（如计算机、手机等）。贴片排阻（又称网络排阻）是将多个贴片电阻集中封装在一起，它与普通贴片电阻相比具有方向性，主板规整度高，节约空间等优点。

(a) 碳膜电阻器

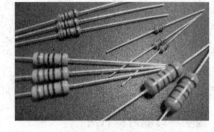
(b) 金属膜电阻器

(c) 贴片电阻器

(d) 贴片排阻器

图 1.8　固定电阻器

可变电阻器的阻值可通过人为在一定范围内调节，在电路中常用来分压和控制电流。当可变电阻器起分压作用时称为电位器，将其用于控制电流作用时称为变阻器，外形及其电路符号如图 1.9 所示。电位器有三个引出端，如图 1.9（b）所示，1 端和 2 端之间的电阻是固定的，也就是该电阻的最大值，3 端连接滑动触点，调节触点位置便可以改变 3 点到 1 点或 3 点到 2 点间的电阻值。将电位器的 3 端与 1 端或 2 端相连，此时，电位器就变成一个变阻器，如图 1.9（c）所示。

(a) 外形

(b) 电位器

(c) 变阻器

图 1.9　可变电阻器及其电路符号

**电阻器的主要指标有标称阻值、允许误差和额定功率**。这三项指标一般都标注在电阻器的外壳上，可作为正确使用电阻器的依据。成品电阻器上所标注的电阻称为标称阻值。

允许误差是指电阻器的实测阻值与标称阻值间的允许最大相对误差，它表示电阻器标称阻值的准确度，一般分为±5%（Ⅰ）、±10%（Ⅱ）、±20%（Ⅲ）三级。有些要求较高的电路可采±2%或±1%的电阻器。电阻器的额定功率是指在标准环境温度（20℃±5℃）下，电阻器能长期连续工作的最大功率。常见电阻器的额定功率有1/16、1/8、1/4、1/2、1、2、5、10、15、20（W）。

### 三、识读电阻标称值

电阻器标称阻值的标识方法主要有以下几种：

#### 1. 数字式标识法

用三位有效数字表示电阻值。其中前两位数字为电阻值的有效数字，第三位数字表示在有效数字后面所加"0"的个数，但当第三位数字为9时，表示倍率为0.1。例如，"472"表示"4700Ω"；"151"表示"150Ω"；"759"表示"7.5Ω"。

此外，还有少数贴片电阻用四位有效数字表示电阻值，前三位数字为电阻的有效数字，第四位数字表示在有效数字后面所加"0"的个数。例如，"6801"表示6800Ω。

#### 2. 数字字母混合标识法

用两个或三个数字加一个字母表示电阻值。其中，字母表示有效数字后面所加"0"的个数，即字母R表示有效数字后面没有"0"；字母k表示有效数字后面有3个"0"；字母M表示有效数字后面有6个"0"。例如，"22R"表示"22Ω"，"220k"表示"220kΩ"。当遇到小数点时，则用字母R、k或M表示"小数点"。例如，"2R2"表示"2.2Ω"，"R22"表示"0.22Ω"，"3k3"表示"3.3kΩ"，"2M2"表示"2.2MΩ"。

#### 3. 色环标识法

用不同颜色的色环表示电阻值和允许误差，普通电阻采用四色环表示，精密电阻采用五色环表示。色环电阻色环颜色的含义如表1.3所示，颜色"棕红橙黄绿蓝紫灰白黑"分别表示数字"1、2、3、4、5、6、7、8、9、0"。

表1.3 色环电阻的色环对照表

| 色环 | 黑 | 棕 | 红 | 橙 | 黄 | 绿 | 蓝 | 紫 | 灰 | 白 | 金 | 银 |
|---|---|---|---|---|---|---|---|---|---|---|---|---|
| 数值 | 0 | 1 | 2 | 3 | 4 | 5 | 6 | 7 | 8 | 9 | | |
| 乘数 | $10^0$ | $10^1$ | $10^2$ | $10^3$ | $10^4$ | $10^5$ | $10^6$ | $10^7$ | $10^8$ | $10^9$ | $10^{-1}$ | $10^{-2}$ |
| 误差 | — | ±1% | ±2% | | | ±0.5% | ±0.25% | ±0.1% | — | — | ±5% | ±10% |

四色环电阻器标识如图1.10所示，靠近电阻端的是第一色环，顺次是第二、三、四色环。前两色环代表电阻值的有效数字，第三色环代表乘数（前两位有效数字后面所加的"0"的个数），第四色环表示误差。例如，一个色环电阻的色环标识顺序是红、紫、黄、银，这个电阻的阻值就是270000Ω，即270kΩ，误差是±10%。

五色环电阻器标识如图1.11所示，前三色环代表电阻值的有效数字，第四色环代表乘数，第五色环表示误差。例如，一个色环电阻的色环标识顺序是橙、橙、红、橙、绿，这个电阻的阻值就是 332000Ω，即 332kΩ，误差是±0.5%。

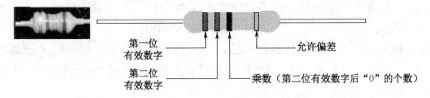

图 1.10　四色环电阻器

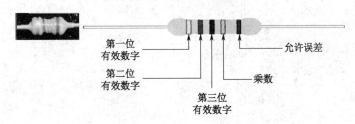

图 1.11　五色环电阻器

### ✏ 特别提示

色环电阻器色环颜色"棕红橙黄绿蓝紫灰白黑"分别表示数字"1、2、3、4、5、6、7、8、9、0"。记忆口诀：一棕熊，二红眼，三橙子，四黄瓜，五绿豆，六朵蓝花送妻子（七紫），挥（灰）巴（八）掌，打白酒（九），黑零。

一只熊的故事：从前，有一只棕色的熊，瞪着两只红色的眼睛，吃了三个橙色子，四根黄瓜和五颗绿豆，然后这只棕熊摘了六朵蓝色的花，送给它的妻子（七紫），后来它挥一巴掌（灰八），打翻了一瓶白酒（白九），嘿，您（黑零），酒没了。

### 想一想

## 特殊电阻器

水泥电阻器是一种采用陶瓷绝缘的功率型线绕电阻器（如彩色电视机中的大功率电阻），其优点是功率大，缺点是有电感，体积大，不宜作阻值较大的电阻，如图 1.12 所示。

保险电阻器是一种具有保险丝和电阻双重功能的电阻器，其外形和普通电阻相似，如图 1.13 所示。在正常情况下，具有普通电阻的功能；一旦电路出现故障，该电阻器可在规定范围内熔断使电路开路，从而起到保护电路元器件的功能。

图 1.12　水泥电阻器

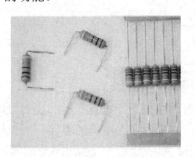

图 1.13　保险电阻器

热敏电阻器是阻值随温度变化而变化的电阻,温度升高阻值增加的热敏电阻称为正温度系数电阻器,温度增加而阻值变小的热敏电阻器称为负温度系数电阻器。其常见外形如图 1.14 所示,热敏电阻器应用广泛,如电视机中的消磁电阻。

光敏电阻器大多是由半导体材料制成的,当入射光线增强时,其阻值会明显减小,而光线减弱时,它的阻值会显著增大,如图 1.15 所示。光敏元件的用处非常大,如打印机和复印机的进纸检测、光控开关。

图 1.14　热敏电阻器

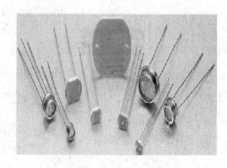

图 1.15　光敏电阻器

**练一练**

1. 导体对_____的阻碍作用的大小称为电阻,电阻的倒数称为_____。
2. 电阻器的主要指标有_____、_____、_____三项。
3. 电阻器标称阻值的标识方法主要有_____、_____和_____三种。
4. 一个标识 470 的电阻器所对应的电阻值为_____。
5. 一个标识 3M3 的电阻器所对应的电阻值为_____。
6. 一个色环电阻器的色环标识顺序是红、紫、黑、金、红,这个电阻器的阻值是_____。
7. 一个色环电阻器的色环标识顺序是绿、蓝、绿、金,这个电阻器的阻值是_____。
8. 一个"220V、25W"的灯泡,它正常工作时的电流为_____,灯泡电阻为_____。

## 任务七　识别电容元件

### 一、认识电容

由两块相互绝缘且靠近的金属极板,就可以构成一个最简单的电容器。电容器可以储存电荷,成为储存电荷的容器,所以叫做**电容器**。电容器储存电荷的本领称为电容量,简称电容,用字母 $C$（Capacitance 的第一个字母）表示。电路中使用最多的是平行板电容器,电容量的大小与极板的面积 $S$（$m^2$）、极板间的距离 $d$（m）、极板间介质常数 $\varepsilon$（F/m）有关,

即

$$C = \frac{\varepsilon S}{d} \tag{1.8}$$

**电容的 SI 单位**是 F（法[拉]）。常用的电容单位有 mF（毫法）、μF（微法）、nF（纳法）和 pF（皮法），它们之间的换算关系为

$$1F=10^3 mF，1mF=10^3 μF，1μF=10^3 nF，1nF=10^3 pF$$

电容器的**电路符号**如图 1.16 所示，图中，左边的是普通无极性电容器的电路符号，中间是有极性电容器的电路符号，右边是可变电容器的电路符号。

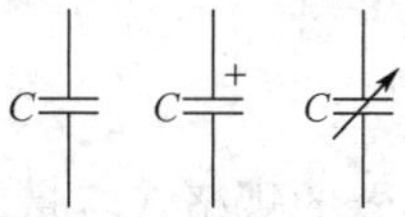

图 1.16 电容器的电路符号

## 二、识别电容器

电容器的种类很多，按其结构可分为固定电容器、可变电容器和微调电容器。按介质可分为云母电容器、瓷介电容器、纸介电容器、聚苯乙烯电容器、电解电容器、贴片电容器等，如图 1.17 所示。

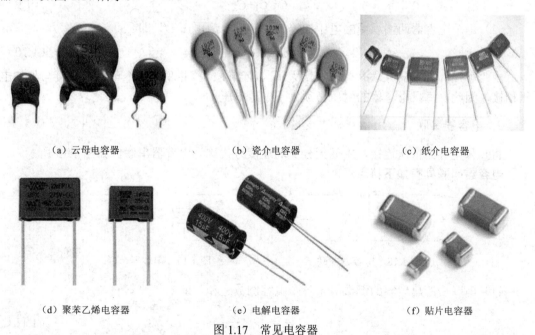

(a) 云母电容器　　　　　(b) 瓷介电容器　　　　　(c) 纸介电容器

(d) 聚苯乙烯电容器　　　(e) 电解电容器　　　　　(f) 贴片电容器

图 1.17 常见电容器

一般来说，纸介电容器价格低但体积大，损耗大；云母电容器损耗小，耐高温高压，稳定性能好；瓷介电容器有近似云母的特点，且价格低，体积小；涤纶电容器、聚苯乙烯电容器成本低且体积小，但耐压不易做得很高；电解电容器是有极性电容器，容量大且成本低；贴片电容器在计算机主机内的各种板卡上最为常见。

电容器的主要指标有标称容量、允许误差和额定电压。这三项指标一般都标注在电容器的外壳上，可作为正确使用电容器的依据。成品电容器上所标注的电容称为标称容量，而标称容量往往有误差，但是只要误差在国家标准规定的允许范围内即可，这个误差称为允许误差。电容器的额定电压习惯称为"耐压"，是指电容器在电路中能够长期可靠工作而介质性能不变的最大直流电压值。

电容器标称容量的标注也采用文字符号法、数码法等。文字符号法是将容量的整数部分写在单位符号前面，容量的小数部分写在单位符号后面，如 6n8，表示 6.8nF，即 6800pF，2p2，表示 2.2pF 等；数标法一般是用三位数字表示容量，前两位表示有效数字，第三位数字是 10 的多少次方。如 103 表示 $10×10^3$pF=10000pF=0.01μF，473 表示 47000pF=0.047μF。

### 三、学习电容器的连接

在实际使用中，往往会遇到电容器的规格（容量或耐压）不满足要求的情形，这时可将若干只电容器作适当的连接，以满足电路或电器要求。

#### 1. 电容器并联

将电容器接在相同的两点之间的连接方式称为电容器并联，如图 1.18 所示。
**电容器并联具有如下特点：**
（1）并联后的总电容等于各个电容器的电容之和，即

$$C = C_1 + C_2 \tag{1.9}$$

（2）每个电容器两端承受的电压相等，均等于电源电压 $U$，即

$$U_1 = U_2 = U \tag{1.10}$$

由此可知，电容器并联时总电容增大了。应当注意，并联时各个电容器直接与外加电压相接，因此，每只电容器的耐压必须大于电源电压。

#### 2. 电容器串联

将几只电容器依次连接，中间无分支的连接方式称为电容器串联，如图 1.19 所示。
**电容器串联具有如下特点：**

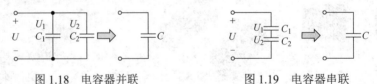

图 1.18　电容器并联　　　　图 1.19　电容器串联

（1）串联后的总电容的倒数等于各个电容倒数之和，即

$$\frac{1}{C} = \frac{1}{C_1} + \frac{1}{C_2} \tag{1.11}$$

或

$$C = \frac{C_1 C_2}{C_1 + C_2}$$

（2）串联后的总电压等于各个电容器电压之和，即

$$U = U_1 + U_2 \tag{1.12}$$

每只电容器可分得的电压，可由以下关系式计算

$$U_1 = \frac{C_2}{C_1+C_2}U \tag{1.13}$$

$$U_2 = \frac{C_1}{C_1+C_2}U \tag{1.14}$$

式中，$U$ 为总电压，$U_1$ 为 $C_1$ 上分得的电压，$U_2$ 为 $C_2$ 上分得的电压。

**例 1.3** 有两种电容器，$C_1$ 容量为 $2\mu F$，额定电压为 160V，$C_2$ 容量为 $10\mu F$，额定电压为 250V。若将它们串联接在 300V 的直流电源上使用，求总电容和每只电容器上分得的电压，试问，这样使用是否安全？

**解：**（1）串联总电容为

$$C = \frac{C_1 C_2}{C_1 + C_2} = \frac{2 \times 10}{2+10}\mu F = 1.67\mu F$$

（2）$C_1$ 上分得电压 $U_1$ 为

$$U_1 = \frac{C_2}{C_1+C_2}U = \frac{10}{2+10} \times 300V = 250V$$

$C_2$ 上分得电压 $U_2$ 为

$$U_2 = U - U_1 = (300 - 250)V = 50V$$

（3）由于 $C_1$ 上分得电压 $U_1$ 为 250V 远大于其本身耐压 160V，所以 $C_1$ 很快被击穿。当 $C_1$ 击穿后，迫使 $C_2$ 承受着全部电源电压 300V，远大于 $C_2$ 的耐压 250V，因而，$C_2$ 也会击穿损坏，所以，这样使用不安全。

由此可知，电容器串联使用时总电容减小，注意每个电容器上实际承受的电压不得超过其本身耐压值，以防击穿损坏电容器。

### ✏ 特别提示

电解电容器是有极性电容器，有一个极性识别问题：一般通过看它上面的标注（一般会标出容量和正负极），也可用引脚长度来区分正负极（长脚为正，短脚为负）。实际使用铝电解电容器时要特别留意耐压值和正负极不能接反，尤其是电源部分的电解电容器更要注意这两点，处理不当的话，有可能发生电容器爆破，电解液泄漏事故。

 想一想

### 电容器的简易检测

在没有特殊仪器的条件下，用万用表电阻挡判断固定电容器的好坏及其质量，这种方法称为简易检测。

对于电容容量较大（$1\mu F$ 以上）的固定电容器，可用万用表的欧姆挡（R×1000 量程）测量电容器两端，对于良好电容器，表针向小电阻值侧摆动，然后慢慢回摆到"∞"附近。如果表针最后指示值不为"∞"，表明电容器有漏电现象，其电阻越小，漏电越大，电容器质量越差。如果测量时指针立即就指到"0"欧姆不向回摆，表示该电容器已击穿。如果测量时表针不动，表明电容器已经失效。如果表针摆动返回不到起始点，表明电容器漏电很大，质量不佳。

## 练一练

1. 电容器按其结构可分为_____电容器、_____电容器和_____电容器。
2. 电容器的主要指标有三项，即_____、_____和允许误差。
3. 电容器并联时总电容_____，电容器串联使用时总电容_____（填增大或减小）。
4. 电容器在电路中实际要承受的电压不能超过它的_____，以防击穿损坏电容器。
5. 一个标识是 337 的电容器所对应的电容值为_____，一个标识是 104 的电容器所对应电容值为_____。

# 任务八　识别电感元件

## 学一学

### 一、认识电感

**电感**是由导线绕制而成的线圈，线圈电感量（或自感量）简称电感（或自感），用 $L$ 表示。实验证明，线圈的电感与线圈的尺寸、匝数及其附近的介质有关，如长直螺线管的电感为

$$L = \mu \frac{N^2 S}{l} \tag{1.15}$$

式中，$S$ 为线圈的截面积，$l$ 为螺线管长度，$N$ 为线圈匝数，$\mu$ 为磁导率。显然线圈匝数越多，电感也越大。

**电感的 SI 制单位**是 H（亨[利]），常用的电感单位有 mH（毫亨）、μH（微亨）、nH（纳亨），它们之间的换算关系为

$$1H = 10^3 mH,\ 1mH = 10^3 \mu H,\ 1\mu H = 10^3 nH$$

电感器的**电路符号**如图 1.20 所示。

(a) 空芯电感　(b) 可变电感　(c) 铁芯电感　(d) 磁芯电感

图 1.20　电感器的电路符号

### 二、认识电感器

电感器的主要作用有滤波、振荡、延迟、陷波等，广泛用于电子电路或电子设备中，例如，电源、变压器、收音机、电视机、雷达、电动机等。电感器的种类繁多，大体上可分为固定电感器和可变电感器两大类，如图 1.21 所示。

# 项目一　电路基本概念

(a) 空芯电感器　　(b) 环形电感器　　(c) 棒型电感器　　(d) 共模电感器

(e) 工字型电感器　(f) 色环电感器　　(g) 插件屏蔽电感器　(h) 贴片电感器

图 1.21　常见电感器

空芯电感器用于振荡、高频扼流、陷波、高频发射、无线接收等场合；环形电感器用于低频扼流、陷波、滤波器等场合；共模电感器用于抗干扰电路、计算机电源、无线电接收机等；色环电感器用于频率为 10kHz～20MHz 的各种电路；贴片电感器用于 SMT 技术、自动化安装印制电路板。

在实际使用中，有时会将电感器作适当的连接，以满足电路要求。

在如图 1.22 所示电路中，将电感器接在相同的两点之间的连接方式称为电感器并联，并联后的总电感的倒数等于各个电感倒数之和，即

$$\frac{1}{L} = \frac{1}{L_1} + \frac{1}{L_2} \tag{1.16}$$

或

$$L = \frac{L_1 L_2}{L_1 + L_2}$$

在如图 1.23 所示电路中，将几只电感器依次连接，中间无分支的连接方式称为电感器串联，串联后的总电感等于各个电感器的电感之和，即

$$L = L_1 + L_2 \tag{1.17}$$

由此可知，电感器并联时总电感减小了，电感器串联时总电感增加了。

图 1.22　电感器并联　　　　　　　　图 1.23　电感器串联

## 三、学习电感器的检测

电感器最常见的故障是开路。测试开路时，应将电感器从电路中取出。如果开路，用万用表测试时指针将指向无穷大处。如果线圈完好，欧姆表指出绕线的电阻值。绕线的电

阻值取决于绕线和线圈的长度,可能是1Ω,也可能是几Ω。

有时,电感器中的电流超过极限电流,导线绝缘材料熔化,导线可能短路。通常少数几匝导线短路对电路的影响不太,如果所有的绕线都短路,线圈电阻为零。

### 特别提示

电感 $L$ 表示线圈本身的固有特性,与电流大小无关。除专门的电感线圈(色码电感)外,电感量一般不专门标注在线圈上,可用电感测试仪测量其电感量。电感器的标称电流是指线圈允许通过的电流大小,通常用字母 A、B、C、D、E 分别表示,标称电流值为 50mA、150mA、300mA、1600mA。

### 想一想

## 电工仪表

**电工仪表的分类**:电工仪表可以从不同的角度来进行分类,根据仪表的工作原理分为磁电系、电磁系、电动系、感应系和静电系;根据被测对象的名称分为电流表、电压表、功率表、欧姆表、电度表和万用电表;根据被测电流的种类分为直流仪表、交流仪表和交直流两用表;根据仪表准确等级分为 0.1 级、0.2 级、0.5 级、1.0 级、1.5 级、2.5 级和 5.0 级;根据仪表读数方式分为指针式仪表、数字仪表和记录式仪表。

**电工仪表的面板标记**:每只仪表的表面上都有多种符号标记,它们表示该仪表的基本技术特性,说明仪器的形式、型号、被测量的单位、准确度等级、正常工作位置、使用环境条件、是否绝缘耐压等。

**电工仪表的型号**:标注在仪表表盘上。用途符号——A(电流),V(电压),W(功率),kW·h(电能);系列代号——C(磁电系)、T(电磁系)、D(电动系)、G(感应系)。例如,42C3-A 表示磁电系电流表,3 为设计序号,42 为外形尺寸代码。

**仪表类型的选择**:对于直流电量的测量,广泛选用磁电系仪表,对于交流电量的测量,可选用电磁系或电动系仪表。

**仪表精度的选择**:从提高测量准确度的角度出发,仪表的精确度越高越好。但精度高的仪表对工作环境要求严格。通常 0.1 级和 0.2 级仪表用作标准仪表或在精密测量时选用,0.5 级和 1.0 级仪表作为实验室测量选用,1.5 级、2.5 级和 5.0 级仪表可在一般工程测量中选用。

**仪表量程的选择**:为了充分利用仪表的准确度,应尽量按使用标尺的后 1/4 段的原则选择仪表的量程。此段上的测量误差基本上等于仪表的精度等级,而在标尺中间位置上的测量误差为仪表准确度的 2 倍。应尽量避免使用标尺的前 1/4 段,但要保证仪表的量程大于被测量的最大值。

**仪表内阻的选择**:为了使仪表接入电路后不至于改变原来电路的工作状态,要求电流表或功率表的电流线圈内阻尽量小些,并且量程越大,内阻应越小。电压表或功率表的电压线圈内阻尽量大些,并且量程越大,内阻应越大。

**练一练**

1. 线圈的电感与线圈的_____、_____及其附近的介质有关。
2. 电感器的主要作用有_____、_____、延迟、陷波等,广泛用于电子电路或电子设备中。
3. 电感器的种类繁多,大体上可分为_____电感器和_____电感器两大类。
4. 电感器并联时总电感_____了,电感器串联时总电感_____了(增加或减小)。

# 技能训练一 电阻元件的识别与检测

## 一、训练目标

1. 能够识别电阻元件。
2. 能够识读电阻标称值。
3. 能够正确使用万用表测量电阻。

## 二、仪器、设备及元器件

1. 万用表(MF-47)。
2. 若干电阻、电位器。

## 三、训练内容

1. 任意挑选 3 只可变电阻器,识读其标识,并用万用表电阻挡测量电阻值。
2. 任意挑选 10 个色环电阻,根据色环颜色写出标称值将结果填入表 1.4 中。
3. 用数字万用表或万用表 R×100 和 R×1k 挡分别测量表 1.4 中的电阻,并将测量结果填入表 1.4 中。

表 1.4 电阻标称值和测量值

| 序号 | 1 | 2 | 3 | 4 | 5 | 6 | 7 | 8 | 9 | 10 |
|---|---|---|---|---|---|---|---|---|---|---|
| 标称值 | | | | | | | | | | |
| 测量值 | | | | | | | | | | |

要求:
(1)正确使用万用表,操作规范。
(2)能够读出电阻元件的标称值。
(3)能够读出被测电阻阻值。

## 四、考核评价

学生技能训练的考核评价如表 1.5 所示。

表1.5 技能训练一考核评价表

| 考核项目 | 评分标准 | 配分 | 扣分 | 得分 |
|---|---|---|---|---|
| 可变电阻的识别 | 识别可变电阻器，少识别1个扣1分 | 5 | | |
| | 识读可变电阻的标识，少识读1个扣2分 | 10 | | |
| 色环电阻的识别 | 识别色环电阻器，少识别1个扣1分 | 10 | | |
| | 识读色环电阻的标称值，少识读1个扣2分 | 30 | | |
| 万用表测量电阻 | 量程选取不当，每次扣1分 | 10 | | |
| | 读数不准确或错误一次扣1分 | 15 | | |
| | 测量操作不规范一次扣1分 | 10 | | |
| 安全文明操作 | 有不文明操作行为，或违规、违纪出现安全事故，工作台上脏乱，酌情扣3～10分 | 10 | | |
| 合计 | | 100 | | |

# 巩固练习一

## 一、填空题

1. 蓄电池是提供电能的元件，称为_____；灯泡是取用电能的器件，称为_____；导线和开关称为_____。

2. 电荷的基本特性是_____。电荷有规则运动时形成_____。

3. 电流主要分为两类：一类是电流的大小和方向不随时间发生变化，称为_____；另一类是电流的大小和方向均随时间发生变化，称为_____。

4. 测量电流大小的工具是_____。测量电压大小的工具是_____。

5. 某点电位为正，说明该点电位比参考点电位_____；某点电位为负，说明该点电位比参考点电位_____（填"高"或"低"）。

6. 当通过电气设备的电流等于额定电流时，称为_____工作状态。电流小于额定电流时，称为_____工作状态。超过额定电流时，称为_____工作状态。

7. 通常把电路中提供电能或电信号的装置称为_____。衡量电源转换本领大小的物理量称为_____。

8. 电阻器的主要指标有_____、_____和_____。

9. 电容器储存电荷的本领称为_____，用字母_____表示。

10. 电感测试仪测量电感器的_____。万用电表可以检测电感器的_____。

## 二、单项选择题

1. 电路的作用是_____。
   A. 把机械能转换为电能
   B. 把电能转换为热能、机械能、光能
   C. 把电信号转换为语言和音乐
   D. 实现电能的传输和转换、信号的传递和处理

2. 用电压表测得电路端电压为0，这说明_____。
   A．外电路开路    B．外电路短路    C．电源内电阻为0
3. 电阻是_____元件。
   A．储能    B．供能    C．耗能
4. 电压和电位的相同之处是_____。
   A．定义相同    B．单位相同    C．都与参考点有关
5. 电路中两点间的电压高，则_____。
   A．这两点的电位都高    B．这两点的电位差大    C．这两点的电位都小于零
6. 一度电可供220V、40W的灯泡正常发光的时间是_____。
   A．20小时    B．40小时    C．25小时
7. 把"12V、6W"的灯泡接到6V的电源上，如灯泡电阻为常数，则通过灯丝的电流为_____。
   A．2A    B．1A    C．2.5A
8. 一只电阻器色环分别是黄紫黑棕红，则该电阻值和误差为_____。
   A．4700Ω±2%    B．4600Ω±2%    C．4700Ω±5%
9. 一只电容容量标识为103，则该只电容器的容量为_____。
   A．0.01μF    B．0.001μF    C．0.1μF
10. 电容器串联使用时总电容_____。
    A．增大    B．减小    C．不变

## 三、分析与计算题

1. 已知电路中 A、B、C 三点的电位分别是 12V、8V、4V，试求 $U_{AB}$、$U_{BC}$ 和 $U_{AC}$。
2. 已知 $U_{ab}$=10V、$U_{ca}$=2V，以 b 点为参考点，求 a 点和 c 点电位。
3. 某单位有日光灯20盏，每个日关灯的功率为40W，问全部点亮4h（时）消耗的电能是多少度？如果每度电0.65元，应交多少元电费？
4. 一个电吹风的电阻丝的电阻值为1210Ω，接在220V的电源上，它消耗的电功率为多少？用多长时间消耗1kW·h的电能？
5. 一只"220V，100W"的灯泡，它的灯丝电阻是多少？若把它接在110V的电路中，灯泡的实际功率为多少？
6. 试读出以下色环电阻的标称阻值和误差，将结果填入表1.6中。

表1.6 电阻标称值的识读

| 电阻色环 | 电阻1 | 电阻2 | 电阻3 | 电阻4 |
| --- | --- | --- | --- | --- |
| | 绿棕金金 | 黄紫黑棕红 | 灰红黑红棕 | 棕红黑红金 |
| 电阻值与误差 | | | | |

7. 有两只电容器，一只容量为10μF，耐压为450V，另一只容量为50μF，耐压为300V。若将它们串联接在600V的直流电源上使用，求总电容和每只电容器上分得的电压，试问，这样使用是否安全？

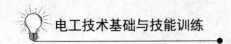

# 学习总结

### 1. 电路的基本组成与作用

电路由电源、负载和中间环节三个基本部分组成。电路的作用一是能量的转换和传输，二是信号的传递和处理。电路有通路、短路和开路三种工作状态。

### 2. 电路的基本物理量

（1）电荷。电荷有正电荷和负电荷，电荷的移动是电荷的基本特性。

（2）电流。电荷的定向移动形成电流。电流有直流电流和交变电流，测量电流的工具是安培表。电流的实际方向规定为正电荷运动方向。

（3）电压与电位。电压是产生电流的根本原因。电压的实际方向规定为高电位指向低电位，即电位降的方向，测量电压大小的工具是伏特表。

电路中 a、b 两点的电压等于这两点之间的电位差，即 $U_{ab}=V_a-V_b$。

电路中某点至参考点的电压称为电位，参考点的电位为零，又称零电位。

（4）电功率与电功。电功率的计算公式为

$$P=IU$$

电功（电能）的计算公式为

$$P=Wt=IUt$$

电功的常用单位是 kW·h（千瓦时，俗称"度"）。1 kW·h 俗称 1 度电，即 1 千瓦的用电设备在 1 小时内用的电能。用户用电量是由用户安装的电能表来测量的。

电气设备额定值如额定电压 $U_N$、额定电流 $I_N$ 和额定功率 $P_N$。当通过电气设备的电流等于额定电流时，称为满载工作状态。电流小于额定电流时，称为轻载工作状态。超过额定电流时，称为过载工作状态。

（5）电动势。通常把电路中提供电能或电信号的装置称为电源。电源分直流电源和交流电源。

衡量电源转换本领大小的物理量称为电源的电动势。电动势的实际方向在电源内部从低电位指向高电位，即电位升的方向。电源端电压方向是从高电位指向低电位，即电位降的方向。当电源开路时，电源端电压等于电动势。

### 3. 电路的基本元件

（1）电阻元件。导体对电流的阻碍作用称为电阻，电阻的倒数称为电导即 $G=1/R$。

电阻元件电压与电流的关系为

$$U=IR$$

电阻元件消耗功率为

$$P=IU=I^2R=\frac{U^2}{R}$$

电阻器分为固定电阻器和可变电阻器两大类,其主要指标有标称阻值、允许误差和额定功率。标称阻值的标识主要有数字式标识法、数字字母混合标识法和色环标识法三种。

(2)电容元件。电容器储存电荷的本领称为电容量,简称电容。

电容器的种类很多,按其结构可分为固定电容器、可变电容器和微调电容器。电容器的主要指标有标称容量、允许误差和额定电压。

电容器并联具有如下特点:

① 并联后的总电容等于各个电容器的电容之和,即

$$C = C_1 + C_2$$

② 每个电容器两端承受的电压相等,均等于电压 $U$,即

$$U_1 = U_2 = U$$

电容器串联具有如下特点:

① 串联后的总电容的倒数等于各个电容倒数之和,即

$$\frac{1}{C} = \frac{1}{C_1} + \frac{1}{C_2}$$

② 串联后的总电压等于各个电容器电压之和,即

$$U = U_1 + U_2$$

(3)电感元件。电感是由导线绕制而成的线圈。线圈电感量(或自感量)简称电感(或自感)。电感器可分为固定电感器和可变电感器两大类,其主要作用有滤波、振荡、延迟、陷波等。

电感器并联后的总电感的倒数等于各个电感倒数之和,即

$$\frac{1}{L} = \frac{1}{L_1} + \frac{1}{L_2}$$

电感器串联后的总电感等于各个电感器的电感之和,即

$$L = L_1 + L_2$$

## 自我评价

学生通过项目一的学习,按表 1.7 所示内容,实现学习过程的自我评价。

表 1.7 项目一自评表

| 序号 | 自评项目 | 自评标准 | 项目配分 | 项目得分 | 自评成绩 |
| --- | --- | --- | --- | --- | --- |
| 1 | 认识电路 | 电路基本组成 | 2 | | |
| | | 电路作用 | 2 | | |
| | | 电路工作状态 | 2 | | |
| | | 电路图 | 2 | | |

续表

| 序号 | 自评项目 | 自评标准 | 项目配分 | 项目得分 | 自评成绩 |
|---|---|---|---|---|---|
| 2 | 测量电流 | 电荷基本特性 | 2 | | |
| | | 电流及其单位 | 4 | | |
| | | 电流的实际方向 | 2 | | |
| | | 电流的测量 | 4 | | |
| 3 | 测量电压 | 电压及其单位 | 2 | | |
| | | 电压的实际方向 | 2 | | |
| | | 电位及其电位参考点 | 4 | | |
| | | 电压与电位关系 | 6 | | |
| | | 电压的测量 | 4 | | |
| 4 | 计算电功率 | 电功及其单位 | 6 | | |
| | | 电功的测量 | 2 | | |
| | | 电功率及其单位 | 6 | | |
| | | 额定值 | 2 | | |
| 5 | 认识电动势 | 电源的作用 | 2 | | |
| | | 电源的电路符号 | 2 | | |
| | | 电动势及其方向 | 2 | | |
| | | 电动势与端电压 | 2 | | |
| 6 | 识别电阻元件 | 电阻及其单位 | 2 | | |
| | | 电导及其单位 | 2 | | |
| | | 电阻伏安关系 | 6 | | |
| | | 电阻的功率 | 4 | | |
| | | 电阻元件的参数 | 2 | | |
| | | 电阻标称值的标识 | 2 | | |
| 7 | 识别电容元件 | 电容及其单位 | 2 | | |
| | | 电容元件的参数 | 2 | | |
| | | 电容的串联与并联 | 8 | | |
| | | 电容标称值的标识方法 | 2 | | |
| 8 | 识别电感元件 | 电感及其单位 | 2 | | |
| | | 电感元件的分类 | 2 | | |
| | | 电感元件的连接 | 2 | | |
| 能力缺失 | | | | | |
| 弥补措施 | | | | | |

# 项目二

# 直流电路

 学习指南

**项目描述：**

本项目将介绍简单直流电路的基本分析和计算方法，其中以欧姆定律、基尔霍夫定律为重点。这些分析方法不仅适用于直流电路，而且也适用于交流电路，因此，本项目为全书的重要内容之一，必须牢固掌握。

**学习目标：**

| 学习任务 | 知识目标 | 基本技能 |
| --- | --- | --- |
| 学习欧姆定律 | ① 掌握部分电路欧姆定律；<br>② 掌握全电路欧姆定律 | ① 会运用欧姆定律分析电路 |
| 分析电阻串联电路 | ① 理解电阻串联；<br>② 掌握电阻串联电路的特点；<br>③ 熟悉电阻串联电路的应用 | ① 能识别串联电路；<br>② 会分析电阻串联电路 |
| 分析电阻并联电路 | ① 理解电阻并联；<br>② 掌握电阻并联电路的特点；<br>③ 熟悉电阻并联电路的应用 | ① 能识别并联电路；<br>② 会分析电阻并联电路 |
| 探究基尔霍夫电流定律 | ① 理解有关电路结构的基本术语；<br>② 掌握基尔霍夫电流定律的内容及表达式；<br>③ 熟悉基尔霍夫电流定律的推广 | ① 会运用基尔霍夫电流定律分析电路 |
| 探究基尔霍夫电压定律 | ① 掌握基尔霍夫电压定律的内容及表达式；<br>② 熟悉基尔霍夫电压定律的推广 | ① 会运用基尔霍夫电压定律分析电路 |

# 任务九  学习欧姆定律

## 一、认识部分电路的欧姆定律

只含有负载而不包括电源的一段电路称为**部分电路**,如图 2.1 所示。当电阻 $R$ 两端加上电压 $U$ 时,电阻中就有电流 $I$ 流过。

图 2.1  部分电路欧姆定律

德国物理学家欧姆(1787—1854)通过实验证明:**电路中电流与电阻两端的电压成正比,与电阻成反比,这一结论称为部分电路的欧姆定律**。用公式表示为

$$I = \frac{U}{R} \tag{2.1}$$

式中,$I$ 为电路中的电流,单位为 A(安[培]);$U$ 为电阻两端的电压,单位为 V(伏[特]);$R$ 为电路中的电阻,单位为 Ω(欧[姆])。

从式(2.1)可以看出,如果已知部分电路中的电流、电压和电阻中的任意两个量的数值,就可以求出第三个量。即式(2.1)还可以写为

$$U = IR \text{ 或 } R = \frac{U}{I} \tag{2.2}$$

**例 2.1**  某段电路的电压是一定的,当接上 10Ω 的电阻时,电路中的电流是 1.5A;若用 25Ω 的电阻代替 10Ω 的电阻。试求电路中的电流是多少?

**解**:电阻为 10Ω 时,由欧姆定律得

$$U = IR = 1.5 \times 10\text{V} = 15\text{V}$$

用 25Ω 的电阻代替 10Ω 的电阻,电路中的电流为

$$I' = \frac{U}{R'} = \frac{15}{25}\text{A} = 0.6\text{A}$$

## 二、探究全电路的欧姆定律

一个由电源和负载组成的闭合电路称为**全电路**,如图 2.2 所示。图中,虚框内代表一个电源,$E$ 为电源的电动势,$r$ 为电源的内阻,$R$ 为负载电阻或外电路电阻。

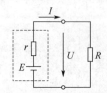

图 2.2  全电路欧姆定律

全电路欧姆定律的内容是：通过全电路的电流与电源电动势成正比，与全电路的电阻成反比。用公式表示为

$$I = \frac{E}{R+r} \tag{2.3}$$

式中，$I$ 为全电路的电流，单位为 A（安[培]）；$E$ 为电源电动势，单位为 V（伏[特]）；$r$ 为电源电阻，单位为 Ω（欧[姆]）；$R$ 为外电路电阻或负载电阻，单位为 Ω（欧[姆]）。

式（2.3）还可以写为

$$E = IR + Ir \tag{2.4}$$

式中，$IR$ 称为负载两端电压或外电路电压，也是电源两端电压，简称端电压；$Ir$ 称为内电路的电压。

由于 $U=IR$，所以式（2.4）还可以写为

$$E = U + Ir \tag{2.5}$$

从式（2.5）中可以分析电路的三种状态：

（1）当 $R$ 为无穷大（$R=\infty$）时，$I=0$，此时 $U=E$，即端电压等于电源电动势，这时的电路称为开路。

（2）当 $R$ 趋近于零（$R=0$）时，端电压 $U=0$，电路中电流 $I=E/r$，因 $r$ 的值很小，电流很大，此时的电路称为短路。短路时电流很大，可能烧坏电源，甚至引起火灾，为此一般的电路中必须有短路保护装置。

（3）当 $r$ 趋近于零（$r=0$）时，$Ir=0$，则 $U=E$，此时的电源称为理想电源。

**例 2.2** 在图 2.2 所示全电路中，已知电源电动势 $E=12$V，内阻 $r=2$Ω，负载电阻 $R=10$Ω。试求：(1) 电路中的电流；(2) 电源的端电压。

**解：**(1) 根据全电路欧姆定律，电路中的电流为

$$I = \frac{E}{R+r} = \frac{12}{10+2} \text{A} = 1\text{A}$$

(2) 电源的端电压为

$$U = E - Ir = (12 - 1 \times 2)\text{V} = 10\text{V}$$

或

$$U = IR = 1 \times 10\text{V} = 10\text{V}$$

**特别提示**

欧姆定律是通过实验总结、归纳得到的规律，是电路的基本定律之一。欧姆定律揭示了同一段电路中的电流、电压、电阻三者之间的联系，应用非常广泛。

**想一想**

## 电流的热效应

任何电气设备在通过电流时都要发热，使电气设备的温度升高。这种电能转化为热能的现象称为电流的热效应。

电流的热效应在实际生活中应用广泛。例如，可以选用电阻大而又耐热的钨丝制成灯

泡；利用电流的热效应原理制成电烙铁、电烤箱等；还可以低熔点的铅锡合金等制成熔断器的熔丝以保护电路和设备。但是，电流的热效应也有其不利的一面。如电动机在运行过程中，因电流通过而发热，不但消耗了电能，而且一旦过热就会损坏设备，而用电设备中的各种导线也会因为在通电时发热而老化，引起漏电。严重时会烧坏用电设备，甚至引起火灾。因此，在这些用电设备中，应采取各种保护措施，以防止电流热效应造成的危害。

**练一练**

1. 部分电路的欧姆定律的内容是：电路中电流与电阻两端的_____成正比，与_____成反比。用公式表示为_____。
2. 全电路欧姆定律的内容是：通过全电路的电流与电源_____成正比，与全电路的_____成反比。用公式表示为_____。
3. 某导体两端电压为220V时，通过它的电流为0.2A，则该导体的电阻为_____Ω；若通过该导体的电流变为0.05A，则该导体两端的电压为_____V；若该导体两端的电压减为0V，则通过它的电流为_____A，导体的电阻为_____Ω。
4. 电源电动势为4.5V，内阻为0.5Ω，负载电阻为4Ω，则电路中的电流为_____A，电源端电压为_____V。

## 任务十　分析电阻串联电路

### 学一学

### 一、观察电阻串联电路

如图2.3（a）所示，把两只小灯泡顺次连接在电路中，当开关闭合时，一只灯泡亮时，另一只灯泡也亮。在图2.3（b）中，把一个个小彩灯依次连接起来接到电源，小彩灯就会发亮。像这样把元件逐个顺次连接起来，就组成了串联电路。如果把小灯泡或小彩灯抽象为电阻元件，这便是电阻的串联电路。

图2.3　串联电路实例

## 二、分析电阻串联电路的特点

电路中，若干个电阻首尾依次相连，各电阻流过同一电流的连接方式，称为**电阻的串联**。如图2.4（a）所示为两个电阻的串联电路，$R$叫做$R_1$、$R_2$串联的等效电阻，图2.4（b）是图2.4（a）的等效电路。

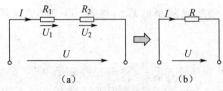

图 2.4 电阻串联电路

**电阻串联电路具有以下特点：**

（1）串联电路中电流处处相等，当$n$个电阻串联时，则有

$$I_1 = I_2 = I_3 = \cdots = I_n \tag{2.6}$$

式中的脚标1、2、3、…、$n$分别代表第1、第2、第3、……、第$n$个电阻（下同）。

（2）电路两端的总电压等于各串联电阻上的电压之和，即

$$U = U_1 + U_2 + U_3 + \cdots + U_n \tag{2.7}$$

（3）电路的总电阻（等效电阻）等于各串联电阻之和，即

$$R = R_1 + R_2 + R_3 + \cdots + R_n \tag{2.8}$$

当$n$个相同的电阻$R_0$串联时，则$R=nR_0$。故利用电阻的串联可以获得较大阻值的电阻。

（4）串联电路中各个电阻分配的电压与各电阻值成正比，即

$$U_n = \frac{R_n}{R} U \tag{2.9}$$

式（2.9）称为分压公式，$\frac{R_n}{R}$称为分压比。$R_n$越大，它所分配的电压$U_n$也越大。在图2.4所示的两个电阻串联电路中，电阻$R_1$、$R_2$上分配的电压为

$$\left. \begin{aligned} U_1 &= \frac{R_1}{R_1 + R_2} U \\ U_2 &= \frac{R_2}{R_1 + R_2} U \end{aligned} \right\} \tag{2.10}$$

（5）串联电路中各个电阻消耗的功率与各电阻值成正比，即

$$I^2 = \frac{P}{R} = \frac{P_1}{R_1} = \frac{P_2}{R_2} = \cdots = \frac{P_n}{R_n} \tag{2.11}$$

**例2.3** 有一盏额定电压为$U_1 = 70$ V、额定电流为$I = 5$ A的电灯，应该怎样把它接入电压$U = 220$ V的照明电路中。

**解：** 灯泡的额定电压为70V，不能将灯泡直接接在220V的照明电路中，应将电灯（设电阻为$R_1$）与一只分压电阻$R_2$串联后，接入$U = 220$ V电源上，如图2.5所示。

图 2.5 例 2.3 图

电阻 $R_2$ 上分配的电压为

$$U_2 = U - U_1 = (220 - 70)\text{V} = 150\text{ V}$$

因为 $U_2 = R_2 I$，所以

$$R_2 = \frac{U_2}{I} = \frac{150}{5}\Omega = 30\ \Omega$$

即将电灯与一只 30 Ω 分压电阻串联后，接入 $U = 220\text{V}$ 电源上即可。

### 特别提示

电阻的串联电路在实际中应用广泛。利用串联电阻来限制或调节电路中的电流大小，如直流电动机串联电阻降压启动，稳压电路中的限流电阻；利用电阻串联电路的分压原理制成分压器；在电工测量中，还可以利用串联电阻的方法来扩大电压表的量程。

### 想一想

#### 电阻分压器

为了获得所需要的电压，可以利用串联电阻构成分压器。三级分压器如图 2.6 所示，输入电压为 $U$，输出电压为 $U_o$，开关 S 可接 a、b、c 三处位置。当开关 S 接到 a 处时，输出电压 $U_o = U$。当开关 S 接到 b 处时，由分压公式可得 $U_o$ 为

$$U_o = \frac{R_1 + R_2}{R_1 + R_2 + R_3} U$$

当开关 S 接到 c 处时，由分压公式可得 $U_o$ 为

$$U_o = \frac{R_1}{R_1 + R_2 + R_3} U$$

开关 S 在不同的位置时，便可得到三个不同数值的输出电压。利用固定分压器的原理，可以制成多量程电压表。

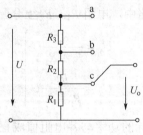

图 2.6 电阻分压器

### 练一练

1. 在电阻串联电路中，_____ 处处相等，总电压等于各 _____ 上的电压之和，总电阻（等效电阻）等于各串联电阻之 _____。
2. 串联电路中，各个电阻分配的电压与各电阻值成 _____，各个电阻消耗的功率

与各电阻值成_____。

3．利用串联电阻来限制或调节电路中的_____大小，利用电阻串联电路的分压原理制成_____。

4．三个电阻 $R_1=300Ω$，$R_2=200Ω$，$R_3=100Ω$，串联后接到 $U=6V$ 的直流电源上。则总电阻 $R=$_____，电路中电流 $U=$_____；三个电阻上分配的电压分别为 $U_1=$_____，$U_2=$_____，$U_3=$_____。

## 任务十一　分析电阻并联电路

### 一、观察电阻并联电路

如图 2.7（a）所示，把两只灯泡并列地接在电路中，并各自连接一个开关。像这样把元件并列地连接起来，就组成了并联电路。如果把小灯泡抽象为电阻元件，这便是电阻的并联电路。并联电路在实际应用中非常普遍。如在我们的家里，像电灯、家庭影院、电视机等家用电器都是并联的，如图 2.7（b）所示为家庭影院的并联连接的电路。

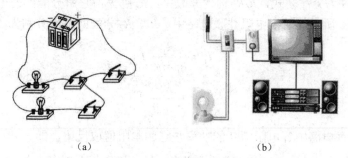

图 2.7　并联电路实例

### 二、分析电阻并联电路的特点

把若干个电阻接到电路中的两点之间，每一电阻两端承受同一电压，电阻的这种连接方式称为**电阻的并联**。如图 2.8（a）所示为两个电阻的并联电路，$R$ 叫做 $R_1$、$R_2$ 并联的等效电阻，图 2.8（b）是图 2.8（a）的等效电路。

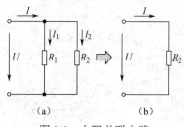

图 2.8　电阻并联电路

**电阻并联电路具有以下特点：**

（1）电路中各个电阻两端的电压相同。当有 $n$ 个电阻并联时，则有

$$U_1 = U_2 = U_3 = \cdots = U_n \tag{2.12}$$

（2）并联电路的总阻值（等效电阻）的倒数等于各并联电阻的倒数的和，即

$$\frac{1}{R} = \frac{1}{R_1} + \frac{1}{R_2} + \frac{1}{R_3} + \cdots + \frac{1}{R_n} \tag{2.13}$$

当 $n$ 个相同的电阻 $R_0$ 串联时，则 $R=R_0/n$。故利用电阻的并联可以获得较小阻值的电阻。

在图 2.8（a）所示的两个电阻并联电路中，$R_1$、$R_2$ 并联的总电阻为

$$R = R_1 // R_2 = \frac{R_1 R_2}{R_1 + R_2} \tag{2.14}$$

（3）电阻并联电路总电流等于各电阻中的电流之和，即

$$I = I_1 + I_2 + I_3 + \cdots + I_n \tag{2.15}$$

（4）电阻并联电路中各电阻分配的电流与电阻值成反比，即

$$I_n = \frac{R}{R_n} I \tag{2.16}$$

式（2.16）称为分流公式，$R/R_n$ 称为分流比。$R_n$ 越大，它所分配到的电流越小。

在图 2.8（a）所示的两个电阻并联电路中，$R_1$、$R_2$ 分配的电流分别为

$$\left. \begin{aligned} I_1 &= \frac{R_2}{R_1 + R_2} I \\ I_2 &= \frac{R_1}{R_1 + R_2} I \end{aligned} \right\} \tag{2.17}$$

（5）电阻并联电路中各电阻消耗的功率与它的电阻值成反比，即

$$R_1 P_1 = R_2 P_2 = R_3 P_3 = \cdots = R_n P_n = U^2 \tag{2.18}$$

**例 2.4** 在图 2.9 所示电路中，已知 $U=24V$，$R_1=2\Omega$，$R_2=3\Omega$，$R_3=4\Omega$。试求（1）电路的总电阻；（2）电路总电流；（3）每个电阻上分配的电流。

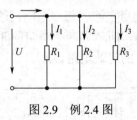

图 2.9　例 2.4 图

**解：**（1）$R_1$ 与 $R_2$ 并联的总电阻为

$$R_{12} = R_1 // R_2 = \frac{R_1 R_2}{R_1 + R_2} = \frac{2 \times 3}{2 + 3} \Omega = 1.2\Omega$$

电路总电阻为 $R_{12}$ 与 $R_3$ 并联的电阻，即

$$R = R_{12} // R_3 = \frac{R_{12}R_3}{R_{12}+R_3} = \frac{1.2 \times 4}{1.2+4}\Omega = 0.92\Omega$$

（2）电路总电流为

$$I = \frac{U}{R} = \frac{24}{0.92}\text{A} = 26\text{A}$$

（3）每个电阻分得的电流为

$$I_1 = \frac{U}{R_1} = \frac{24}{2}\text{A} = 12\text{A}$$

$$I_2 = \frac{U}{R_2} = \frac{24}{3}\text{A} = 8\text{A}$$

$$I_3 = \frac{U}{R_3} = \frac{24}{4}\text{A} = 6\text{A}$$

### 特别提示

电阻并联电路在日常生活中应用十分广泛。例如，照明电路中的用电器通常都是并联供电的。只有将用电器并联使用，才能在断开、闭合某个用电器时，或者某个用电器出现断路故障时，保障其他用电器能够正常工作。

### 想一想

## 电阻混联电路

既有电阻串联又有电阻并联的电路称为电阻混联电路，如图 2.10（a）所示电路就是电阻混联电路。计算混联电路的等效电阻，可以采用等效替代法，具体步骤如下：

（1）首先弄清各电阻之间的串、并联关系，然后逐步替代，简化电路，依次画出等效电路图。如图 2.10（b）～（d）所示。

（2）按照等效电路图依次进行计算，最终求出电路的总电阻（等效电阻）。

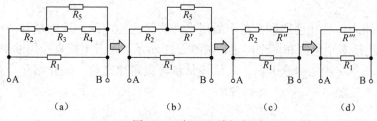

图 2.10 电阻混联电路

在图 2.10（a）中，$R_3$ 与 $R_4$ 串联的等效电阻为

$$R' = R_3 + R_4$$

在图 2.10（b）中，$R'$ 与 $R_5$ 并联的等效电阻为

$$R'' = \frac{R'R_5}{R' + R_5}$$

在图 2.10（c）中，$R''$ 与 $R_2$ 串联的等效电阻为

$$R''' = R'' + R_2$$

在图 2.10（d）中，$R'''$ 与 $R_1$ 是并联，因此，电路的总电阻为

$$R_{AB} = \frac{R'''R_1}{R''' + R_1}$$

### 练一练

1. 电阻并联时，各个电阻两端的电压_____。并联电路总电阻等于各个并联电阻的_____。电阻并联电路的总电流与分电流的关系是_____。
2. 电阻并联电路中各电阻分配的电流与电阻值成_____。电阻并联电路中各电阻消耗的功率与它的电阻值成_____。
3. 有两个电阻，当它们串联起来时总电阻是 10Ω；当它们并联起来时总电阻是 2.4Ω。这两个电阻分别是_____Ω 和_____Ω。
4. $R_1=5Ω$，$R_2=10Ω$，把 $R_1$ 和 $R_2$ 串联起来，并在其两端加 15V 的电压，此时 $R_1$ 所消耗的功率是_____，$R_2$ 所消耗的功率是_____。现将 $R_1$ 和 $R_2$ 改成并联，如果要使 $R_1$ 所消耗的功率不变，则应在它们两端加_____的电压，此时所消耗的功率是_____。

## 任务十二  探索基尔霍夫电流定律

### 一、认识几个有关电路结构的基本术语

在实际电路中，往往会遇到一些不能用串并联简化的电路，这就是复杂电路。在复杂直流电路中，包括多个电源和多个电阻，如图 2.11 所示，因而不能直接用欧姆定律来求解。复杂电路可用基尔霍夫定律来分析。在阐述基尔霍夫定律之前，先介绍几个有关电路结构的基本术语。

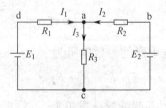

图 2.11  复杂直流电路

项目二 直流电路

**支路**：电路中流过同一电流的电路分支称为支路。含有电源的支路称为有源支路，不含电源的支路称为无源支路。支路中流过的电流称为支路电流，支路两端的电压称为支路电压。在图 2.11 所示电路中共有三条支路，其中，adc 支路和 abc 支路为有源支路，支路电流分别为 $I_1$ 和 $I_2$，ac 支路为无源支路，支路电流为 $I_3$。

**节点**：三条或三条以上支路的连接点称为节点。图 2.11 所示电路有 a、c 两个节点，而 b 点和 d 点不是节点。

**回路**：电路中任意闭合路径称为回路。图 2.11 所示电路有 acda、abca、abcda 三个回路。

**网孔**：内部不另含支路的回路称为网孔，也称独立回路。图 2.11 所示电路有 acda、abca 两个网孔。网孔是最简单的回路，网孔中不包含回路，但回路中可能包含有网孔。

## 二、学习基尔霍夫电流定律

基尔霍夫电流定律（Kirchhoff's Current Law）也称为节点电流定律，简称 KCL，其基本内容叙述为：**在任一时刻，流入任一节点的支路电流之和等于流出该节点的支路电流之和**。其数学表达式为

$$\sum I_{\text{入}} = \sum I_{\text{出}} \tag{2.19}$$

对于图 2.12 所示的节点 a，流入节点 a 的电流分别为 $I_1$ 和 $I_3$，流出节点 a 的电流分别为 $I_2$、$I_4$ 和 $I_5$，所以根据 KCL 有

$$I_1+I_3=I_2+I_4+I_5$$

可以整理为

$$I_1-I_2+I_3-I_4-I_5=0 \tag{2.20}$$

通常把方程式（2.20）称为**节点电流方程**或 **KCL 方程**。

**基尔霍夫电流定律**不仅适用于电路中的任一节点，而且**也可适用于电路中任一假定的封闭面**，即流入任一封闭面的支路电流之和等于流出该封闭面的支路电流之和。电路中假定的封闭面通常也称为广义节点。

对于如图 2.13 所示电路，假定有一封闭面（如图中虚线所示），则有三条支路分别与封闭面内的电路相连接。根据 KCL 有

$$I_2=I_1+I_3$$

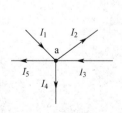

图 2.12 基尔霍夫电流定律

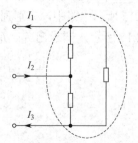

图 2.13 基尔霍夫电流定律的推广

### 特别提示

基尔霍夫电流定律描述同一节点上的各支路电流的关系，应用于电路节点的分析，是电流的连续性的体现。对于有 $n$ 个节点的电路，应用 KCL 可以列出 $(n-1)$ 个独立的节点电流方程。例如，在图 2.11 所示电路中，$n=2$，可以列出 1 个独立的节点电流方程。

### 想一想

#### 电流的参考方向

在分析简单直流电流时，可以确定电流的实际方向是由电源的正极性端流出的。但在分析复杂的直流电流时，对于某条支路电流的实际方向往往难于判断，为此，在分析电路时可以先假定电流的参考方向，并标注在电路图上，如图 2.14 所示。图中带箭头的实线段为电流参考方向，虚线段为电流实际方向。当电流的实际方向与参考方向一致时，电流 $I$ 为正，如图 2.14（a）所示；当电流的实际方向与参考方向相反时，电流 $I$ 为负，如图 2.14（b）所示。例如 $I=-2A$，表明电流的大小是 2A，负号说明电流的实际方向与参考方向相反，即电流的实际方向由 b 端指向 a 端。由此可知，在电流参考方向选定后，电流就有了正值和负值之分了，电流的正负符号就反映了电流的实际方向。

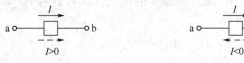

（a）实际方向与参考方向一致　　　　（b）实际方向与参考方向相反

图 2.14　电流的参考方向

### 练一练

1. 基尔霍夫电流定律又称为＿＿＿＿＿＿定律，其数学表达式为＿＿＿＿＿＿＿＿＿。
2. 基尔霍夫电流定律是电流的＿＿＿＿＿＿的体现。对于有 $n$ 个节点的电路，应用 KCL 可以列出＿＿＿＿＿＿个独立的节点电流方程。
3. 在图 2.11 所示电路中，分别列出节点 a 和节点 c 的节点电流方程，比较并得出结论。
4. 如图 2.15 所示，试求出 $I_B$、$I_C$、$I_E$ 之间的关系。

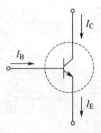

图 2.15

## 任务十三  探索基尔霍夫电压定律

### 学一学

#### 一、学习基尔霍夫电压定律

基尔霍夫电压定律（Kirchhoff's Voltage Law）又称回路电压定律，简称 KVL，其基本内容叙述为：**在任一时刻，沿任一回路绕行一周所有电阻上电压的代数和等于所有电源电动势的代数和**，其数学表达式为

$$\sum IR = \sum E \tag{2.21}$$

通常把上式方程称为**回路电压方程**或 KVL 方程。在应用基尔霍夫电压定律列出回路电压方程时，公式（2.21）中各电阻电压和电源电动势的正负号确定方法如下：

（1）任意选定回路绕行方向。注意：当电流方向未知时，可以假定一个电流的参考方向。

（2）电阻电压正负号的确定。当通过电阻的电流方向与回路绕行方向一致时，则该电阻上的电压前取"＋"号；反之取"－"号。

（3）电源电动势正负号的确定。当电源电动势的方向与回路绕行方向一致时，则该电动势前取"＋"号；反之取"－"号。

例如，图 2.16 所示的 abcda 回路，若选定回路绕行方向为顺时针方向，根据 KVL 列出回路电压方程为

$$IR_1 + IR_2 = E_1 - E_2$$

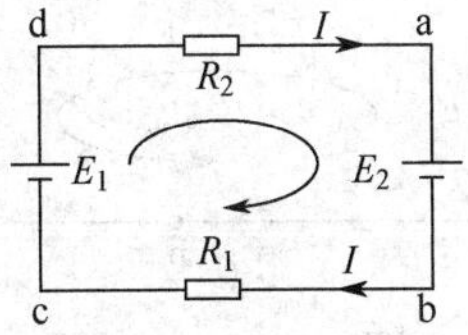

图 2.16　基尔霍夫电压定律

#### 二、熟悉基尔霍夫电压定律的推广

基尔霍夫电压定律通常用于电路中的任一闭合回路，但**也推广应用到电路中任意未闭合回路**。如果在开口处假设一开口电压，就可构成一个假象的闭合回路（通常称为广义回路），在列回路电压方程时，将开口处的电压也列入方程中。

例如，在图 2.17 所示电路中，由于 ab 处开路，acba 不构成闭合回路。如果假设在 ab 两端存在一个开口电压 $U_{ab}$，就可将它设想为一个闭合回路。此时，按图中实线所示顺时针绕行方向循环一周，列出回路电压方程为

$$IR + U_{ab} = E$$

整理得到

$$U_{ab} = E - IR$$

由此可知,利用 KVL 的推广应用,可以方便地求电路中任意两点间的电压。

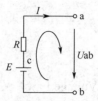

图 2.17 基尔霍夫电压定律的推广应用

**例 2.5** 电路如图 2.18 所示,试求电路中的电流 $I$ 和电压 $U_{ab}$。

**解**:选定回路的绕行方向为顺时针方向,如图所示。根据 KVL,列出回路电压方程为

$$IR_1 + IR_2 = E_1 + E_2 - E_3$$

即

$$3I + 5I = 30 + 10 - 8$$

则

$$I = 4\text{A}$$

以 a、b 两点右侧电路为广义回路,按顺时针绕行方向循环一周,列出回路电压方程为

$$IR_2 - U_{ab} = -E_3$$

整理得到

$$U_{ab} = IR_2 + E_3 = 5I + 8 = (5 \times 4 + 8)\text{V} = 28\text{V}$$

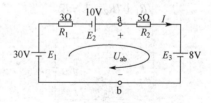

图 2.18 例 2.5 图

### 特别提示

基尔霍夫电压定律描述同一回路中各段电压的关系,应用于对电路回路的分析,是能量守恒定律的体现。对于有 $n$ 个节点、$b$ 条支路的电路,应用 KVL 可以列出 $(b-n+1)$ 个独立的回路电压方程。例如,$n=2$,$b=3$,可列出 2 个独立的回路电压方程。

### 想一想

### 电路基本定律

欧姆定律由德国物理学家乔治·西蒙·欧姆(Georg Simon Ohm,1787—1845)于 1826

年4月提出，论文发表在德国《化学和物理学杂志》上。1827年欧姆在出版的《电路的数学研究》一书中，从理论上对定律进行了推导。欧姆定律是精密实验领域中最突出的发现。为了纪念他，人们将电阻的单位命名为Ω[欧姆（欧）]。

基尔霍夫定律是德国物理学家古斯塔夫·罗伯特·基尔霍夫（Gustav Robert Kirchhoff，1824—1887）发现的。1845年，21岁时他发表了一篇论文，提出了稳恒电路网络中电流、电压、电阻之间关系的两条定律，即著名的基尔霍夫电流定律和基尔霍夫电压定律，解决了电气设计中电路方面的问题。直到现在，基尔霍夫定律仍旧是解决复杂电路问题的重要工具。基尔霍夫被称为"电路求解大师"。

**练一练**

1. 基尔霍夫电压定律又称_____定律，其数学表达式为_____。
2. 基尔霍夫电压定律是_____守恒的体现。对于有 $n$ 个节点、$b$ 条支路的电路，应用 KVL 可以列出_____个独立的回路电压方程。
3. 电路如图2.19所示，试求回路电流 $I$。

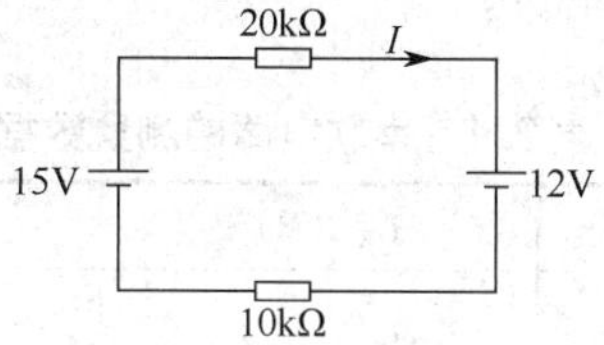

图2.19

# 技能训练二　直流电路的连接与测量

## 一、训练目标

1. 熟练掌握电阻串联和电阻并联电路的特点。
2. 学会直流电流和直流电压的测量方法。

## 二、仪器、设备及元器件

1. 直流电压源1台（0～30V可调），直流电流表、直流电压表，各一只。
2. 电阻元件（100Ω、330Ω、510Ω、1kΩ），短接桥和连接导线若干（P8-1和50148）。

## 三、训练内容

测量电路如图2.20所示。测量电流时，电流表必须串接在电路中。用一个电流表测量几条支路的电流，可以借助于特殊插头、插座。特殊插头、插座常用来连接电流表，电流表接在特殊插头的两脚上，插座串接在电路中，测量电流时，将插头插入插座中即可。另一种是连接电流表的插头、插座,由两脚插座和短接桥组成,测量电流时将短接桥拔掉,电流表的表笔插入插座的两脚中,测量完毕后,将电流表的表笔拔出,插入短接桥。

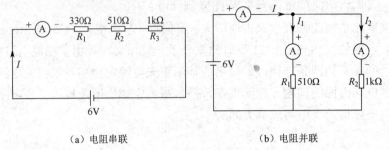

(a) 电阻串联　　　　　　　　　　(b) 电阻并联

图 2.20　直流电路测量电路

### 1. 串联电路电压、电流的测量

(1) 调节直流稳压电源,输出直流电压为 6V。

(2) 按图 2.20(a) 所示电路正确完成电路连接。

(3) 用直流电流表测量电路中的电流,用直流电压表测量各电阻元件的电压,将测量数据分别填入表 2.1 中,并得出结论。

表 2.1　串联电路的测量数据

| 测量项目 | $I$(mA) | $U_{R1}$(V) | $U_{R2}$(V) | $U_{R3}$(V) |
|---|---|---|---|---|
| 测量值 | | | | |
| 计算值 | | | | |
| 结论 | | | | |

### 2. 并联电路电压、电流的测量

(1) 调节直流稳压电源,输出直流电压为 6V。

(2) 按图 2.20(b) 所示电路正确完成电路连接。

(3) 用电流表测量并联电路的各支路电流,用电压表测量各支路电压,将测量数据分别填入表 2.2 中,并得出结论。

表 2.2　并联电路的测量数据

| 测量项目 | $U_{R1}$(V) | $U_{R2}$(V) | $I$(mA) | $I_1$(mA) | $I_2$(mA) |
|---|---|---|---|---|---|
| 测量值 | | | | | |
| 计算值 | | | | | |
| 结论 | | | | | |

## 四、考核评价

学生技能训练的考核评价如表 2.3 所示。

表 2.3 技能训练二考核评价表

| 考核项目 | 评分标准 | 配分 | 扣分 | 得分 |
|---|---|---|---|---|
| 串联电路电流、电压测量 | 电路连接正确可靠，错一处扣一分 | 10 | | |
| | 仪表量程选取正确，选错一个扣一分 | 10 | | |
| | 读数正确，读错一个扣2分 | 15 | | |
| | 结论正确，结论不完善扣5分 | 10 | | |
| 并联电路电流、电压测量 | 电路连接正确可靠，错一处扣一分 | 10 | | |
| | 仪表量程选取正确，选错一个扣一分 | 10 | | |
| | 读数正确，读错一个扣2分 | 15 | | |
| | 结论正确，结论不完善扣5分 | 10 | | |
| 安全文明操作 | 有不文明操作行为，或违规、违纪出现安全事故，工作台上脏乱，酌情扣3~10分 | 10 | | |
| 合计 | | 100 | | |

# 巩固练习二

## 一、填空题

1. 一个 220V/100W 的灯泡，其额定电流为_____A，电阻为_____Ω。

2. 有一只额定值分别为 40Ω、10W 的电阻元件，其额定电流为_____A，额定电压为_____V。

3. 把多个元件逐个顺次连接起来，就组成了_____电路。

4. 把多个元件并列地连接起来，由同一个电压供电，就组成了_____电路。

5. 有两个电阻 $R_1$ 和 $R_2$，已知 $R_1:R_2=1:2$，若它们在电路中串联，则两电阻上的电压比 $U_1:U_2=$_____；两电阻上的电流比 $I_1:I_2=$_____；它们消耗的功率之比 $P_1:P_2=$_____。

6. 有两个电阻 $R_1$ 和 $R_2$，已知 $R_1:R_2=1:2$，若它们在电路中并联，则两电阻上的电压比 $U_1:U_2=$_____；两电阻上的电流比 $I_1:I_2=$_____；它们消耗的功率之比 $P_1:P_2=$_____。

7. 把一只 110V、9W 的指示灯接在 380V 的电源上，应串联_____Ω的电阻，串接电阻的功率为_____W。

8. 电路中_____称为支路，_____所汇成的交点称为节点，电路中_____都称为回路。

9. 基尔霍夫第一定律内容是：_____，其数学表达式为：_____。

10. 基尔霍夫第二定律内容是：_____，其数学表达式为：_____。

11. 在如图 2.21 所示的电路中，已知 $I_1$=1A，$I_2$=3A，$I_5$=4.5A，则 $I_3$=_____A，$I_4$=_____A，则 $I_6$=_____A。

12. 电路如图 2.22 所示，则电路中的电流 $I$=_____mA，$U_{ab}$=_____V，$U_{bc}$=_____V，

$V_a =$ _____ V。

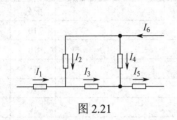

图 2.21

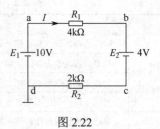

图 2.22

二、单项选择题

1. 已知 220V，40W 灯泡，它的电阻是 _____。
   A．2300Ω     B．3200Ω     C．1210Ω     D．620Ω

2. 由欧姆定律 $I=U/R$ 可知：流过电阻的电流与其两端所加电压 _____。
   A．成正比    B．成反比    C．无关       D．关系不确定

3. 有三只电阻阻值均为 $R$，当其中两只电阻并联再与另一只电阻串联后，总阻值为 _____。
   A．$R$        B．$R/3$      C．$3R/2$     D．$3R$

4. 加在电阻两端的电压越高，流过电阻的电流会 _____。
   A．变大      B．变小      C．不变       D．不确定

5. 一电阻两端加 15 V 电压时，通过 3 A 的电流，若在电阻两端加 18 V 电压时，通过它的电流为 _____。
   A．1A        B．3A        C．3.6A       D．5A

6. 标明"100Ω/4W"和"100Ω/25 W"的两个电阻串联时，允许加的最大电压是 _____。
   A．40V       B．50 V       C．70V        D．140V

7. 将"110V/40W"和"110V/100W"的两盏白炽灯串联在 220V 电源上使用，则 _____。
   A．两盏灯都能安全、正常工作
   B．两盏灯都不能工作，灯丝都烧断
   C．40W 灯泡因电压高于 110V 而灯丝烧断，造成 100W 灯灭
   D．100W 灯泡因电压高于 110V 而灯丝烧断，造成 40W 灯灭

8. 在串联电路中每个电阻上流过的电流 _____。
   A．相同
   B．靠前的电阻电流大
   C．靠后的电阻电流大
   D．靠后的电阻电流小

9. 基尔霍夫电压定律是指 _____。
   A．沿任一闭合回路各电动势之和大于各电阻压降之和
   B．沿任一闭合回路各电动势之和小于各电阻压降之和
   C．沿任一闭合回路各电动势之和等于各电阻压降之和

D．沿任一闭合回路各电阻压降之和为零

10．电路如图 2.23 所示，电路的电流 $I=$ _____。

    A．2A         B．1.5A         C．1A         D．0.5A

### 三、分析与计算题

1．有一灯泡接在 220 V 的直流电源上，此时电灯的电阻为 484Ω，求通过灯泡的电流。

2．已知电路如图 2.24 所示，试计算 a、b 两端的电阻。

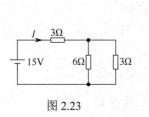

图 2.23

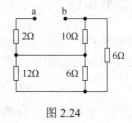

图 2.24

3．有一盏"220V，60W"的电灯接到电路中。（1）试求电灯的电阻；（2）当接到 220V 电压下工作时的电流；（3）如果每晚用三小时，问一个月（按 30 天计算）用多少电？

4．根据基尔霍夫定律，求图 2.25 所示电路中的电流 $I_1$ 和 $I_2$。

5．在图 2.26 中，已知 $R_1=4Ω$，$R_2=6Ω$，$E_1=10V$，$E_2=20V$，试求 $U_{AC}$。

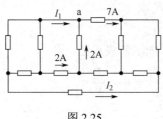

图 2.25

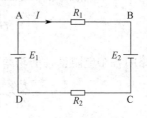

图 2.26

6．电路如图 2.27 所示，试求电压 $U_{ab}$。

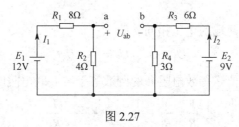

图 2.27

## 学习总结

### 一、欧姆定律

部分电路的欧姆定律：电路中电流与电阻两端的电压成正比，与电阻成反比。用公式表示为

$$I = \frac{U}{R}$$

全电路欧姆定律：通过全电路的电流与电源电动势成正比，与全电路的电阻成反比。用公式表示为

$$I = \frac{E}{R+r}$$

## 二、电阻的串联电路

电阻串联电路的特点：

（1）串联电路中电流处处相等，即

$$I_1 = I_2 = I_3 = \cdots = I_n$$

（2）电路两端的总电压等于各串联电阻上的电压之和，即

$$U = U_1 + U_2 + U_3 + \cdots + U_n$$

（3）电路的总电阻（等效电阻）等于各串联电阻之和，即

$$R = R_1 + R_2 + R_3 + \cdots + R_n$$

（4）串联电路中各个电阻分配的电压与各电阻值成正比，即

$$U_n = \frac{R_n}{R} U$$

（5）串联电路中各个电阻消耗的功率与各电阻值成正比，即

$$I^2 = \frac{P}{R} = \frac{P_1}{R_1} = \frac{P_2}{R_2} = \cdots = \frac{P_n}{R_n}$$

## 三、电阻的并联电路

电阻并联电路特点：

（1）电路中各个电阻两端的电压相同，即

$$U_1 = U_2 = U_3 = \cdots = U_n$$

（2）并联电路的总阻值（等效电阻）的倒数等于各并联电阻的倒数的和，即

$$\frac{1}{R} = \frac{1}{R_1} + \frac{1}{R_2} + \frac{1}{R_3} + \cdots + \frac{1}{R_n}$$

（3）电阻并联电路总电流等于各电阻中的电流之和，即

$$I = I_1 + I_2 + I_3 + \cdots + I_n$$

（4）电阻并联电路中各电阻分配的电流与电阻值成反比，即

$$I_n = \frac{R}{R_n} I$$

（5）电阻并联电路中各电阻消耗的功率与它的电阻值成反比，即

$$R_1P_1 = R_2P_2 = R_3P_3 = \cdots = R_nP_n = U^2$$

## 四、基尔霍夫定律

### 1. 基尔霍夫电流定律

基尔霍夫电流定律也称为节点电流定律，简称 KCL，其基本内容叙述为：在任一时刻，流入任一节点的支路电流之和等于流出该节点的支路电流之和。其数学表达式为

$$\sum I_{入} = \sum I_{出}$$

### 2. 基尔霍夫电压定律

基尔霍夫电压定律又称回路电压定律，简称 KVL，其基本内容叙述为：在任一时刻，沿任一回路绕行一周所有电阻上电压的代数和等于所有电源电动势的代数和，其数学表达式为

$$\sum IR = \sum E$$

# 自我评价

学生通过项目二的学习，按表 2.4 所示内容，实现学习过程的自我评价。

表 2.4 项目二自评表

| 序号 | 自评项目 | 自评标准 | 项目配分 | 项目得分 | 自评成绩 |
| --- | --- | --- | --- | --- | --- |
| 1 | 学习欧姆定律 | 部分电路欧姆定律的内容 | 4 | | |
| | | 全电路欧姆定律的内容 | 4 | | |
| | | 欧姆定律的应用 | 12 | | |
| 2 | 分析电阻串联电路 | 电阻串联电路的特点 | 4 | | |
| | | 电阻串联电路的应用 | 6 | | |
| 3 | 分析电阻并联电路 | 电阻并联电路的特点 | 4 | | |
| | | 电阻并联电路的应用 | 6 | | |
| 4 | 探究基尔霍夫电流定律 | 支路、节点的概念 | 2 | | |
| | | 回路、网孔的概念 | 2 | | |
| | | 基尔霍夫电流定律的内容 | 4 | | |
| | | 基尔霍夫电流定律的表达式 | 4 | | |
| | | 基尔霍夫电流定律的应用 | 18 | | |
| 5 | 探究基尔霍夫电压定律 | 基尔霍夫电压定律的内容 | 5 | | |
| | | 基尔霍夫电压定律的表达式 | 5 | | |
| | | 基尔霍夫电压定律的应用 | 20 | | |
| 能力缺失 | | | | | |
| 弥补措施 | | | | | |

# 项目三

# 单相交流电路

 学习指南

**项目描述：**

交流电在日常的生产和生活中应用极为广泛，如电动机、照明器具、家用电器等。具备交流电路的基础知识和基本操作技能，是从事电工工作的前提。最大值、角频率和初相是交流电的三要素；单一参数元件的交流电路是最基本的交流电路；有功功率、无功功率和视在功率是交流电路的功率；充分利用电源设备容量，减少输电线路的损耗，必须提高功率因数。

**学习目标：**

| 学习任务 | 知识目标 | 基本技能 |
| --- | --- | --- |
| 认识正弦交流电 | ① 熟悉交流电三要素；<br>② 掌握周期、频率、角频率的关系以及最大值与有效值的关系；<br>③ 掌握同频率交流电的相位关系 | ① 会观测交流电；<br>② 会描述同频率交流电的相位关系 |
| 分析纯电阻交流电路 | ① 掌握电压与电流之间的关系；<br>② 理解瞬时功率、掌握有功功率 | ① 能安装并测试白炽灯电路 |
| 分析纯电容交流电路 | ① 掌握电压与电流之间的关系；<br>② 掌握感抗、有功功率与无功功率 | ① 能安装照明电路配电板 |
| 分析纯电感交流电路 | ① 掌握电压与电流之间的关系；<br>② 掌握容抗、有功功率与无功功率 | ① 学会测量纯电容电路 |
| 分析 RL 串联电路 | ① 掌握电压与电流之间的关系；<br>② 掌握阻抗、电路的功率计算 | ① 能安装测试日光灯照明电路 |
| 提高交流电路的功率因数 | ① 掌握功率因数；<br>② 掌握提高功率的意义和方法 | ① 学会提高功率因数方法 |

项目三 单相交流电路

## 任务十四 认识单相交流电

### 一、观察交流电

直流电用得好好的,为什么还要开发和使用交流电呢?早在 200 年前,这个问题就已经由美籍南斯拉夫发明家特斯拉提出来了,而且还引发过(以特斯拉和爱迪生为首的)激烈争论。当然,这场争论也确立了交流电的地位。1894 年美籍施泰因梅茨在尼亚加拉大瀑布建成了一个交流发电站,试验能否把电能送到 26 英里之外的布法罗,最终试验完全成功。这是美国第一次在一个大城市用上从远处送来的电能。

与直流电相比,交流电的优点主要表现在发电和配电方面:交流发电机可以很经济方便地把机械能、水能、风能、化学能等其他形式的能转化为电能;交流电源和交流变电站与同功率的直流电源和直流换流站相比,造价大为低廉;交流电可以方便地通过变压器升压和降压,如图 3.1(a)所示,这给配送电能带来极大的方便。此外,交流电动机比相同功率的直流电动机结构简单,造价低,如图 3.1(b)所示。

  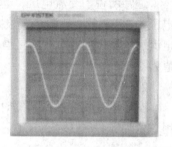

(a)电力变压器　　　　　　　(b)单相异步电动机　　　　　(c)用示波器观察交流电

图 3.1　交流电

用示波器观察其内置交流电源波形如图 3.1(c)所示,该电源波形显示电源的大小和方向都在发生变化。把大小和方向都随时间按正弦函数规律变化的电压和电流称为正弦交流电,简称为**交流电**,通常用符号"～"或字母"AC"(Alternation Current)表示。洗衣机、电冰箱、电视机、空调等都使用的是交流电。

### 二、认识交流电的三要素

正弦交流电压和电流的大小和方向是随时间变化的,其在任意时刻的数值称为**瞬时值**,用小写字母 $i$ 和 $u$ 表示。图 3.2 所示是正弦交流电流随时间变化的波形,其瞬时值的数学表达式为

$$i(t) = I_\mathrm{m} \sin(\omega t + \psi_\mathrm{i}) \tag{3.1}$$

式中,振幅 $I_\mathrm{m}$、角频率 $\omega$ 和初相 $\psi_\mathrm{i}$ 称为**交流电的三要素**。如果知道交流电的三要素,交流电的瞬时值就可以确定。

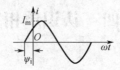

图 3.2　正弦交流电电流波形

1. 振幅

交流电的振幅是指交流电出现的最大的瞬时值，又称**幅值或最大值**，用带下标 m 的大写字母表示。如交流电压振幅用 $U_m$ 表示，交流电流振幅用 $I_m$ 表示。

交流电的大小和方向任何时刻都在变化，如何衡量交流电的大小呢？为了解决这个问题，我们引入新的衡量交流电大小的物理量——**有效值**。有效值用大写字母表示，如电流有效值为 $I$，电压有效值为 $U$。

**交流电的有效值与最大值的关系是有效值等于最大值除以 $\sqrt{2}$**，即

$$I = \frac{I_m}{\sqrt{2}} \tag{3.2}$$

$$U = \frac{U_m}{\sqrt{2}} \tag{3.3}$$

通常所说的交流电压、电流的大小都是指有效值。如民用交流电压为 220V，工业用电电压为 380V 等。一般电气设备上所标明的电压、电流值都是指有效值。使用交流电压表、电流表所测出的数据也多是有效值。例如 "220V，25W" 的白炽灯指它的额定电压的有效值为 220V。

2. 角频率

交流电变化一次所需的时间称为**周期**，用字母 $T$ 表示。周期的 SI 制单位为 s（秒），常用单位为 ms（毫秒）、μs（毫秒）和 ns（纳秒），单位之间的换算关系为

$$1s=10^3 \text{ ms}, \quad 1ms=10^3 \text{ μs}, \quad 1μs=10^3 \text{ ns}$$

交流电每秒内变化的次数称为**频率**，用字母 $f$ 表示。频率 SI 制单位是 Hz（赫[兹]），常用单位为 kHz（千赫）、MHz（兆赫）、GHz（吉赫），单位之间的换算关系为

$$1kHz=10^3 \text{ Hz}, \quad 1MHz=10^3 \text{ kHz}, \quad 1GHz=10^3 \text{ MHz}$$

工程实际中，往往也以频率区分电路，例如：低频电路、高频电路。

交流电的频率与周期互为倒数，即

$$T = \frac{1}{f} \tag{3.4}$$

在我国和世界上大多数国家，电力系统交流电的标准频率即所谓的"工频"是 50Hz。其周期为 0.02s。有些国家（如日本、美国等）的工频为 60Hz。在其他技术领域中也用到各种不同的频率。声音信号的频率为 20Hz～20000Hz，广播中波段载波频率为 535kHz～1605kHz，电视用的频率以 MHz 计，高频炉的频率为 200Hz～300kHz，中频炉的频率为 500Hz～8000Hz。

交流电每秒变化的弧度数称为**角频率**，用 $\omega$ 表示，单位为 rad/s（弧度/秒）。因为交流

电一周期经历了 2π 弧度，所以角频率有

$$\omega = 2\pi f = \frac{2\pi}{T} \tag{3.5}$$

$\omega$、$f$、$T$ 三者都反应交流电变化的快慢。$\omega$ 越大，即 $f$ 越大或 $T$ 越小，交流电变化越快；$\omega$ 越小，即 $f$ 越小或 $T$ 越大，交流电变化越慢。直流电可以看成 $\omega=0$（即 $f=0$）。

### 3. 初相位

交流电的相位是指交流电流瞬时值表达式中任意瞬时的电角度（$\omega t+\psi_i$）。$t=0$ 时的相位 $\psi_i$ 称为初相位，简称初相。习惯上初相用小于 180° 的角度表示，即其绝对值不超过 π。如 $\psi_i=300°$，可化为 $\psi_i=300°-360°=-60°$。

**例 3.1** 已知正弦交流电压的表达式为 $u=311\sin(314t-150°)$V，试求（1）指出交流电压的三要素；（2）电压的有效值、周期和频率。

**解**：（1）电压最大值 $U_m=314$V，角频率 $\omega=314$rad/s，初相 $\psi_u=-150°$。

（2）有效值

$$U = \frac{U_m}{\sqrt{2}} = \frac{311}{\sqrt{2}}\text{V} = 220\text{V}$$

频率

$$f = \frac{\omega}{2\pi} = \frac{314}{2\times 3.14}\text{Hz} = 50\text{Hz}$$

周期

$$T = \frac{1}{f} = \frac{1}{50}\text{s} = 0.02\text{s}$$

**例 3.2** 某电容器的耐压值为 300V，问能否接在有效值为 220V 的交流电源上？

**解**：电压的最大值为

$$U_m = \sqrt{2}U = \sqrt{2}\times 220\text{V} = 311\text{V}$$

显然电源电压的最大值超过了电容器的耐压值，故不能接在此电源上。

## 三、描述同频率交流电的相位关系

两个同频率交流电的相位之差称为相位差，用 $\varphi$ 表示，它描述了两个同频率交流电的相位关系。例如，有两个同频率的交流电压和电流分别为

$$i(t) = I_m \sin(\omega t+\psi_i)$$
$$u(t) = U_m \sin(\omega t+\psi_u)$$

电压与电流之间的相位差为

$$\varphi = (\omega t+\psi_u)-(\omega t+\psi_i)$$

即

$$\varphi = \psi_u - \psi_i \tag{3.6}$$

式（3.6）表明，同频的交流电压与电流的**相位差等于它们的初相之差**。

初相相等的两个交流电，它们的相位差为零，这样的两个交流电称为**同相**。同相的两个交流电同时达到零，同时达到最大值，如图 3.3（a）所示。

相位差为 $\pi$ 的两个交流电称为**反相**。反相的两个交流电同时达到零，当一个达到正的最大值时，另一个达到负的最大值，如图 3.3（b）所示。

两个正弦交流电的初相不等，相位差就不为零。例如，$\varphi=\psi_u-\psi_i=60°$，就称 $u$ 比 $i$ **超前** $60°$ 或者 $i$ 比 $u$ **滞后** $60°$，如图 3.3（c）所示。

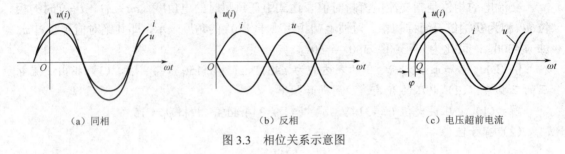

(a) 同相　　　　　　　　(b) 反相　　　　　　　　(c) 电压超前电流

图 3.3　相位关系示意图

**例 3.3**　设两个交流电流 $i_1=6\sin(\omega t+30°)$A，$i_2=4\sin(\omega t)$A，试求 $i_1$ 与 $i_2$ 的相位差并指出它们的相位关系。

**解**：$i_1$ 的初相 $\psi_1=30°$，$i_2$ 的初相 $\psi_2=0°$，所以 $i_1$ 与 $i_2$ 的相位差为

$$\varphi=\psi_1-\psi_2=30°$$

所以，$i_1$ 比 $i_2$ 超前 $30°$，或 $i_2$ 比 $i_1$ 滞后 $30°$。

### 特别提示

选择电容器的耐压时，必须考虑电压的最大值。例如，耐压为 220V 的电容器就不能接在电压有效值为 220V 的交流电路中，因为电压的有效值是 220V，电压最大值是 311V，会使电容器因击穿而损坏。

相位差 $\varphi$ 用小于 $180°$ 的角度表示，即其绝对值不超过 $180°$。因此当第一个交流电的相位超前第二个交流电的角度大于 $180°$ 时，习惯上不说第一个交流电超前第二个交流电，而是说第二个交流电超前于第一个交流电，超前的角度为（$360°-\varphi$）。如电流初相 $\psi_i=150°$，电压初相 $\psi_u=-90°$，电流与电压之间的相位差 $\varphi=150°-(-90°)=240°$。因相位差绝对值超过 $180°$，所以，不能说 $i$ 比 $u$ 超前 $240°$，习惯说 $u$ 比 $i$ 超前 $120°$。

### 想一想

## 试电笔

在实验和工程实践中，常常要区别电源的相线（火线）和零线（地线），或粗测导体是否带电等，这些都可以用试电笔来测试。

测试中，手指触及笔尾的金属部分，用笔尖的金属探头去接触被测点导体的裸露部分，并使氖管背光且朝自己，如图 3.4 所示。如果氖管发亮，则该导体为相线（火线），这是经相线→试电笔→人体电阻→大地形成电流通路，使氖管点燃发亮。由于试电笔内电阻很大，

人体承受的电压很低,电流很小,不会发生危险。若氖管点不亮,则该导体就是零线或是不带电的。

注意,测试时切勿用手触及试电笔尖的金属探头,以免发生触电危险。另外,试电笔一般只适用于在 500V 以下的测试中。

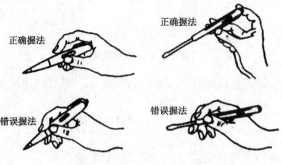

图 3.4　试电笔使用方法

1．把大小和方向都随时间按正弦函数规律变化的电压和电流称为_____,简称为_____。

2．交流电的三要素是_____、_____和_____。

3．交流电出现的最大的瞬时值称为_____,通常所说的交流电压、电流的大小都是指_____。

4．交流电变化一次所需的时间称为_____,交流电每秒内变化的次数称为_____。

5．两个同频率交流电的相位之差称为_____,它描述了两个同频率交流电的_____关系。

6．初相相等的两个交流电,它们的相位差为零,这样的两个交流电称为_____,同相的两个交流电同时达到零,同时达到最大值。相位差为 π 的两个交流电称为_____。

7．我国电力系统交流电的标准频率是_____,周期为_____。

8．已知电流 $i_1=220\sin(100\pi t+30°)$A,$i_2=311\sin(100\pi t-60°)$A,则 $i_1$ 与 $i_2$ 的相位差是_____,它们的相位关系是_____。

9．已知电压 $u=141\sin(100\pi t+45°)$V,则有效值为_____,频率为_____,初相为_____。

## 任务十五　分析纯电阻交流电路

### 一、分析电压与电流关系

在交流电路中,只含有电阻元件的电路称为**纯电阻电路**,如图 3.5 所示。实验证明,

图中，电阻元件的电压瞬时值 $u$ 与电阻元件中的电流瞬时值 $i$ 之间仍满足欧姆定律，即

$$u=iR \tag{3.7}$$

图 3.5　纯电阻电路

设加在电阻元件两端的交流电压为 $u = U_m \sin(\omega t)$，则流过电阻元件的电流为

$$i = \frac{u}{R} = \frac{U_m}{R}\sin(\omega t) = I_m \sin(\omega t) \tag{3.8}$$

由式（3.8）可以看出，电阻元件的电流与电压的关系如下：

（1）频率关系。电阻元件上电压与电流是**同频率的交流电**。

（2）相位关系。**电阻元件上电压与电流同相位**，其波形如图 3.6 所示。电阻元件电压与电流的相位关系可以通过图 3.7 所示的实验验证。当电路通以低频交流信号（一般为 6Hz 左右）时，仔细观察电流表和电压表指针的变化，它们同时到达左边最大值，同时回到零值，又同时到达右边最大值，即电流表和电压表的指针摆动步调一致。这也表明，流经电路中的电流和加在电阻元件两端的电压是同相位的。

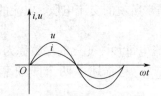　　　　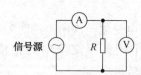

图 3.6　纯电阻电路电压、电流波形　　　图 3.7　观察纯电阻电路相位关系的实验

（3）数量关系。由（3.8）式可以得到

$$U_m = I_m R \tag{3.9}$$

若把两边同除以 $\sqrt{2}$，则得

$$U = IR \tag{3.10}$$

由式（3.10）可知，**电阻元件的电压有效值与电流有效值之间的关系仍遵从欧姆定律**。

## 二、计算电路的功率

（1）瞬时功率。在交流电路中，电压和电流都是瞬时变化的，所以在不同时刻电阻元件上的功率是不同的。将任意时刻的功率称为**瞬时功率**，用小写字母 $p$ 表示，它等于电压瞬时值与电流瞬时值的乘积，即

$$p = iu \tag{3.11}$$

电阻元件的瞬时功率为

$$p = iu = I_m U_m \sin^2(\omega t) \tag{3.12}$$

由式（3.12）可以看出，瞬时功率在任意瞬时的数值都是正值，这说明，电阻元件始终在消耗电能，并把电能转换为热能。因此，**电阻元件是耗能元件**。

（2）有功功率。由于瞬时功率是随时间变化的，测量和计算都不方便，所以在实际工作中常用到有功功率。通常把电路中实际消耗的功率称为**有功功率**，简称功率，用大写字母 $P$ 表示，国际单位为 W（瓦）。平时说某白炽灯的功率为 40W，箱式电阻炉的功率是 1000W，都是指有功功率。

经进一步推导可以得出，**电阻元件消耗的有功功率等于电阻元件两端电压的有效值与通过电阻元件电流的有效值的乘积**，即

$$P = IU = I^2 R = \frac{U^2}{R} \tag{3.13}$$

**例 3.4** 已知某白炽灯工作时的电阻为 484Ω，若在其两端加上 $u=311\sin(314t)$V 的电压，试求交流电的频率及该白炽灯正常工作时的有功功率。

**解：** 由于 $\omega=314$ rad/s，所以，交流电的频率为

$$f = \frac{\omega}{2\pi} = \frac{314}{2 \times 3.14} \text{Hz} = 50 \text{Hz}$$

又因 $U_m=311$V，故

$$U = \frac{U_m}{\sqrt{2}} = \frac{311}{\sqrt{2}} \text{V} = 220 \text{V}$$

所以，白炽灯的有功功率为

$$P = \frac{U^2}{R} = \frac{220^2}{484} \text{W} = 100 \text{W}$$

### 特别提示

在日常生活或工作中所接触到的白炽灯、电烙铁、电炉和电暖器等，都属于电阻性负载，它们与交流电源连接构成的电路都可以看作纯电阻电路。

想一想

### 工具材料

常用的电工工具的实物与主要用途如表 3.1 所示。常用的导线可分为裸导线和绝缘导线两类。电缆有橡套电缆、电力电缆和控制电缆，它是一种多芯线，即在一个绝缘护套内有很多互相绝缘的线芯，线芯间的绝缘电阻很高。

表 3.1  电工工具

| 序号 | 名称 | 实物图 | 主要用途 |
| --- | --- | --- | --- |
| 1 | 钢丝钳（老虎钳） | | 用于剪切或夹持导线、工件等。钳口用来弯绞或钳夹导线线头；齿口用来剪切或剖剥导线绝缘层；铡口用来铡切导线线芯、钢丝或铅丝等较硬金属丝 |
| 2 | 尖嘴钳 | | 主要用来切断细小的导线、金属丝；夹持小螺钉、线圈及导线等元件；还能将导线端头弯曲成所需的各种形状 |
| 3 | 断线钳（斜口钳） | | 主要用于剪断较粗的电线、金属丝及导线电缆 |
| 4 | 剥线钳 | | 用来剥削小直径导线绝缘层，它的钳口有 0.5～3mm 多个不同孔径的切口，可以剥削 6mm² 以下不同规格的绝缘层 |
| 5 | 电工刀 | | 用来剥削导线绝缘层、切割木台缺口、削制木棒等，剥削导线绝缘层时，刀面与导线成小于 45° 的锐角，以免削伤线芯 |

裸导线是没有绝缘层的导线，用于室外架空线路中。裸导线有裸单线和裸绞线。裸单线有 TY（铜硬）、TR（铜软）型及 LY（铝硬）、LR（铝软）型；裸绞线是多根圆单线绞合在一起的绞合线，有 LJ 型硬铝绞线、LGJ 型钢芯铝绞线、TJ 型硬铜绞线等。

绝缘导线有塑料绝缘线、橡皮绝缘线和聚氯乙烯绝缘线。塑料绝缘线的绝缘性能良好，价格较低，由于不能耐高温，绝缘容易老化，所以塑料绝缘线不宜在室外敷设。橡皮绝缘线的耐气候老化性能和不延燃性能较好，并且具有一定的耐油、耐腐蚀性能等特点，价格较高。聚氯乙烯绝缘线简称塑料线，价格较低，但易于老化而生硬。

### 练一练

1. 在交流电路中，只含有电阻元件的电路称为_____电路，白炽灯、电烙铁、电炉和电暖器等与交流电源连接构成的电路都可以看作为_____电路。
2. 纯电阻电路中电阻元件的电流与电压的相位关系是_____，大小关系是_____。
3. 把任意时刻的功率称为_____功率，电路中实际消耗的功率称为_____功率。
4. 纯电阻电路中始终在消耗电能，并把电能转换为_____，电阻元件是一种_____元件。

项目三 单相交流电路

## 任务十六 分析纯电感交流电路

### 一、分析电压与电流的关系

实际的电感线圈都是用导线绕制而成的,因此线圈总会有一定的电阻。但当电阻很小,小至其数值可以忽略不计时,电感线圈可以近似看作纯电感元件。由纯电感元件组成的交流电路称为**纯电感电路**,如图 3.8 所示。

图 3.8 纯电感电路

设电感元件中的交流电流 $i = I_m \sin(\omega t)$。经数学推导,电感元件两端的交流电压为

$$u = \omega L I_m \sin(\omega t + 90°) = U_m \sin(\omega t + 90°) \qquad (3.14)$$

由式(3.14)可以看出,电感元件的电流与电压的关系如下:

(1)频率关系。**电感元件上电压与电流是同频率的交流电。**

(2)相位关系。**电感元件上交流电压超前交流电流 90°**,其波形如图 3.9 所示。电感元件电压与电流的相位关系可以通过图 3.10 所示的实验验证。当电路通以低频交流信号(一般为 6Hz 左右),仔细观察电流表和电压表指针的摆动变化情况。可以看到,当电压表的指针达到右边最大值时,电流表指针指在中间零值;当电压表指针由右边最大值向中间运动至零时,电流表指针由中间零值运动到右边最大值;当电压表指针运动到左边最大值时,电流表指针运动到中间零值,……。实验结果表明,在纯电感电路中,电压超前电流 90°。

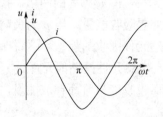

图 3.9 纯电感电路电压、电流波形

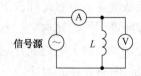

图 3.10 观察纯电感电路相位关系实验

(3)数量关系。由(3.14)式可以得到,电压的最大值为

$$U_m = \omega L I_m$$

若把两边同除以 $\sqrt{2}$,则得

$$U = \omega LI$$

即
$$U = IX_L \tag{3.15}$$

式（3.15）反映了电感元件电压有效值 $U$、电流有效值 $I$ 与感抗 $X_L$ 的关系，故又称为**纯电感电路的欧姆定律**。

式中
$$X_L = \omega L = 2\pi fL \tag{3.16}$$

$X_L$ 称为感抗，其单位是 $\Omega$（欧）。感抗是反映电感元件对交流电流的阻碍作用的一个物理量。由式（3.16）可以看出，感抗的大小与电感量和频率成正比。当电感量 $L$ 一定时，频率 $f$ 越小，感抗 $X_L$ 越小；频率 $f$ 越大，感抗 $X_L$ 越大。可见**电感元件具有"通高频阻低频"**的特性。在直流电路中，因 $f=0$，则 $X_L=0$，这时线圈只起电阻作用，由于一般线圈的电阻很小，即电感元件在直流电路中相当于短路。所以**电感元件还具有"通直流阻交流"的特性**。正由于电感元件具有以上两个特性，因而电感元件广泛应用在电子技术中。

## 二、计算电路的功率

（1）瞬时功率。在纯电感电路中，电感元件的瞬时功率等于电感电压瞬时值与电流瞬时值的乘积，即为

$$\begin{aligned} p &= iu = I_m U_m \sin(\omega t)\sin(\omega t + 90°) \\ &= I_m U_m \sin(\omega t)\cos(\omega t) \\ &= \frac{1}{2} I_m U_m \sin(2\omega t) \end{aligned}$$

即
$$p = IU \sin(2\omega t) \tag{3.17}$$

由式（3.17）可知，电感元件的瞬时功率 $p$ 的频率是 $i$、$u$ 频率的两倍，按正弦函数规律变化，时正时负。当 $p$ 为正时，表明电感元件从外界吸收能量；当 $p$ 为负时，表明电感元件向外界释放能量。电感元件放出的能量等于电感元件吸收的能量，这说明电感元件只与外电路进行能量交换，其本身不消耗能量，所以，**电感元件是储能元件**。

（2）有功功率。由于电感元件是储能元件，时而吸收能量时而释放能量，它本身不消耗能量。所以，**电感元件的有功功率为零**，即

$$P = 0 \tag{3.18}$$

（3）无功功率。工程中，通常用**无功功率来衡量电感元件与外界交换能量的规模**。电感元件的无功功率用字母 $Q_L$ 表示，其值等于瞬时功率的最大值，即

$$Q_L = IU = I^2 X_L = \frac{U^2}{X_L} \tag{3.19}$$

为了与有功功率相区别，无功功率的单位是 var（乏），但国际计量大会未通过，var 为国际单位制。电力工程中常用 kvar（千乏），1kvar=$10^3$var。

**例 3.5** 已知 $L$=0.1H 的电感线圈接在 $U$=10V 的工频电源上，试求：(1) 线圈的感抗；(2) 线圈中电流的有效值；(3) 电路的无功功率。

**解**：(1) 线圈的感抗

$$X_L = 2\pi fL = 2\times 3.14 \times 50 \times 0.1\Omega = 31.4\Omega$$

(2) 线圈中电流的有效值

$$I = \frac{U}{X_L} = \frac{10}{31.4}A = 0.318A$$

(3) 电路的无功功率

$$Q_L = IU = 0.318 \times 10 \text{var} = 3.18\text{var}$$

### 特别提示

虽然感抗 $X_L$ 和电阻 $R$ 的作用相似，但是它和电阻 $R$ 对电流的阻碍作用有着本质的区别。感抗 $X_L$ 表示电感元件对交流电的阻碍作用，只有在交流电流中才有实际意义。

无功功率的"无功"两字的含义是"交换能量"而不是"消耗能量"，它是相对"有功"而言的。决不能把"无功"误解为"无用"，它实质是表明电路中能量交换的规模。无功功率在生产实际中占有很重要的地位，例如，具有电感性质的变压器、电动机等设备，如果没有无功功率的存在，这些设备是无法工作的。

### 想一想

### 单股导线的连接

单股铜芯导线直接连接。先将除去绝缘层的和氧化层的两线头呈 X 型相交，如图 3.11（a）所示；相互绞绕 2~3 圈后扳直两线端，如图 3.11（b）所示；将每个线头在另一芯线上紧贴并绕 6 圈，用钢丝钳剪去多余的芯线，并钳平切口毛刺，如图 3.11（c）所示。

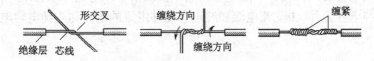

图 3.11 单股铜芯导线直接连接

单股铜芯导线的 T 型连接。先将去除绝缘层及氧化层的支线线芯的线头与干线线芯十字相交，使支路线芯根端留出 3~5mm 的裸线，如图 3.12（a）所示。然后将支路线芯按顺时针方向紧贴干线线芯密绕 6~8 圈，用钢丝钳切去余下线芯，并钳平线芯末端的切口毛刺，如图 3.12（b）所示。

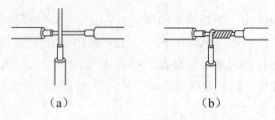

图 3.12　单股铜芯导线的 T 型连接

### 练一练

1. 在纯电感电路中，电感元件上交流电压_____交流电流_____。
2. 反映电感元件对交流电流的阻碍作用的一个物理量是_____，它的大小取决于线圈的_____和交流电流的_____。
3. 电感元件具有通_____的作用。在直流电路中，电感元件可视为_____。
4. 电感元件的瞬时功率为正时，表明电感元件从外界_____能量；当瞬时功率为负时，表明电感元件向外界_____能量。这说明电感元件只与外电路进行能量交换，其本身不消耗能量，所以，电感元件是_____元件。
5. 无功功率是用来衡量电感元件与外界交换能量的_____，其值等于瞬时功率的_____。

## 任务十七　分析纯电容交流电路

### 学一学

#### 一、分析电压与电流关系

对于实际的电容器，由于其介质不能完全绝缘，在电压的作用下，总有一定的漏电流，即它仍有一些电阻成分，会消耗一些功率，使电容器发热。由于介质漏电及其他原因产生的能量消耗称为电容器的损耗。一般电容器能量损耗很小，小到可以忽略不计时，电容器可以近似看作纯电容元件。由交流电源和纯电容元件组成的电路称为**纯电容电路**，如图 3.13 所示。

图 3.13　纯电容电路

设电容元件两端的交流电压 $u = U_m \sin(\omega t)$。经数学推导，电容元件中的交流电流为

$$i = \omega C U_m \sin(\omega t + 90°) = I_m \sin(\omega t + 90°) \quad (3.20)$$

由式（3.20）可以看出，电容元件的电流与电压的关系如下：

（1）频率关系。**电容元件上电压与电流是同频率的交流电。**

（2）相位关系。**电容元件中的电流超前电压 90°或电压滞后电流 90°**，其波形如图 3.14 所示。电容元件电压与电流的相位关系通过图 3.15 所示的实验验证。当电路通以低频交流信号（一般为 6Hz 左右）时，仔细观察电流表和电压表指针的摆动变化情况。可以看到，当电流表的指针达到右边最大值时，电压表指针指在中间零值；当电流表指针由右边最大值向中间运动至零时，电压表指针由中间零值运动到右边最大值；当电流表指针运动到左边最大值时，电压表指针运动到中间零值，……。实验结果表明，在纯电容电路中，电流超前电压 90°。

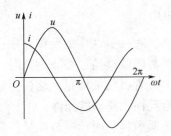

图 3.14 纯电容电路电压、电流波形

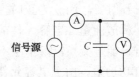

图 3.15 观察纯电容电路相位关系实验

（3）数量关系。由式（3.20）可以得到，电流的最大值为

$$I_m = \omega C U_m$$

即

$$U_m = \frac{I_m}{\omega C}$$

若把两边同除以 $\sqrt{2}$，则得

$$U = \frac{I}{\omega C} = IX_C \tag{3.21}$$

式（3.21）反映了电容元件电压有效值 $U$、电流有效值 $I$ 与容抗 $X_C$ 的关系，故称为**纯电容电路的欧姆定律**。

式中

$$X_C = \frac{1}{\omega C} = \frac{1}{2\pi f C} \tag{3.22}$$

$X_C$ **称为容抗**，其单位是 Ω（欧）。容抗是反映电容元件对交流电流的阻碍作用的一个物理量。由式（3.22）可以看出，容抗的大小与电容量及频率成反比。当电容量一定时，频率 $f$ 越小，容抗 $X_C$ 越大；频率 $f$ 越大，容抗 $X_C$ 越小。可见**电容元件具有"通高频阻低频"的特性**。对于直流电，因 $f=0$，则 $X_C=\infty$，即电容元件在直流电路中相当于开路，所以电容元件还具有**"隔直通交"的特性**。正由于电容元件具有以上两个特性，因而电容元件成为电子技术中的一个重要元件。

## 二、计算电路的功率

（1）瞬时功率。在纯电容电路中，电容元件的瞬时功率等于电容电压瞬时值与电流瞬时值的乘积，即为

$$p = iu = I_m U_m \sin(\omega t) \sin(\omega t + 90°)$$
$$= I_m U_m \sin(\omega t) \cos(\omega t)$$
$$= \frac{1}{2} I_m U_m \sin(2\omega t)$$

即

$$p = IU \sin(2\omega t) \qquad (3.23)$$

由式（3.23）可知，电感元件的瞬时功率 $p$ 的频率是 $i$、$u$ 频率的两倍，按正弦函数规律变化，时正时负。当 $p$ 为正时，表明**电容元件从外界吸收能量**；当 $p$ 为负时，表明**电容元件向外界释放能量**。电容元件放出的能量等于电容元件吸收的能量，这说明电容元件只与外电路进行能量交换，其本身不消耗能量，故**电容元件也是储能元件**。

（2）有功功率。由于电容元件是储能元件，时而吸收能量时而释放能量，它本身不消耗能量。所以，**电容元件的有功功率为零**，即

$$P = 0 \qquad (3.24)$$

（3）无功功率。同理，电容元件的无功功率用 $Q_C$ 表示，**衡量电容元件与外界交换能量的规模**。电容元件无功功率值等于瞬时功率的最大值，即

$$Q_C = IU = I^2 X_C = \frac{U^2}{X_C} \qquad (3.25)$$

**例 3.6** 将电容为 318μF 的电容器接到 220V 的工频交流电源上，试计算电容的电流和无功功率。

**解**：电容的容抗

$$X_C = \frac{1}{2\pi fC} = \frac{1}{2 \times 3.14 \times 50 \times 318 \times 10^{-6}} \Omega = 10\Omega$$

电容电流为

$$I = \frac{U}{X_C} = \frac{220}{10} = 22 \text{A}$$

电容的无功功率为

$$Q_C = IU = 22 \times 220 \text{var} = 4840 \text{var}$$

### ✏ 特别提示

电容元件与电感元件能量转换过程相反，电感元件吸收能量的同时，电容元件释放能量，反之亦然。如果电路中同时具有这两个元件，它们相互之间将存在能量补偿作用。因

此，工程上计算无功功率时，常取电容元件的无功功率为负，电感元件的无功功率为正，可以理解成电感元件吸收无功功率，电容元件发出无功功率。

### 导线的封端处理

导线在与用电设备连接时，必须对其端头进行技术处理。对于截面大于 $10mm^2$ 的多股铜芯线和铝芯线，必须在端头做好接线端子后，才能与设备连接，这一项工作称为导线的封端处理。

铝线的封端处理通常采用压接法进行封端处理，压接前清除线头与接线端子内壁的氧化层污垢，涂上中性凡士林后进行压接，压接工艺多为围压截面。

铜线的封端处理采用焊接法和压接法。铝导线出线端与铜设备端子应采用铜铝过渡接线端子，使端头铜与铜、铝与铝连接。

1. 电容元件中的电压_____电流 90°或电流_____电压 90°（填"超前"或"滞后"）。
2. 容抗是反映电容元件对交流电流的_____作用的一个物理量，当电容量一定时，频率 $f$ 越小，容抗 $X_C$ 越_____。
3. 电容元件具有通_____阻低频的作用。电容元件在直流电路中相当于_____。
4. 电容元件也是_____元件。由于电容元件本身不消耗能量，故电容元件的有功功率为_____。

## 任务十八　分析 RL 串联电路

### 一、分析电压与电流间的关系

由电阻 R 和电感 L 串联起来组成的电路称为 RL 串联电路，如图 3.16 所示。日光灯是最常见的 RL 串联电路，它是镇流器（电感线圈）和灯管（电阻）串联起来接到交流电源上。

在如图 3.16 所示电路中，设电路中电流有效值为 $I$，总电压有效值为 $U$，电阻两端电压有效值为 $U_R$，电感两端电压有效值为 $U_L$。

进一步分析可知，由 $U_R$、$U_L$ 和 $U$ 构成直角三角形，称为**电压三角形**，如图 3.17 所示。图中，$\varphi$ 是电压 $u$ 与电流 $i$ 之间的相位差。

从电压三角形中，可以得到总电压与各部分电压之间的关系为

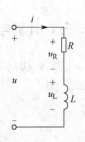

图 3.16　RL 串联电路

$$U = \sqrt{U_R^2 + U_L^2} \quad (3.26)$$

$$U_R = U\cos\varphi \quad (3.27)$$

$$U_L = U\sin\varphi \quad (3.28)$$

图 3.17 电压三角形

## 二、认识电路的阻抗

将 $U_R=IR$、$U_L=IX_L$ 代入式（3.26）中，得到

$$U = \sqrt{U_R^2 + U_L^2} = \sqrt{(IR)^2 + (IX_L)^2} = I\sqrt{R^2 + X_L^2}$$

上式整理后可得

$$|Z| = \frac{U}{I} = \sqrt{R^2 + X_L^2} \quad (3.29)$$

式中，$|Z|$ 称为**电路的阻抗**，它表示 RL 串联电路对交流电的阻碍作用的大小，单位为 Ω。阻抗等于电压有效值与电流有效值之比。

根据式（3.29）可以得到，$R$、$X_L$ 和 $|Z|$ 构成一直角三角形，称为**阻抗三角形**，如图 3.18 所示，图中的 $\varphi$ 称为**阻抗角**，实质是电压和电流之间的相位差。

图 3.18 阻抗三角形

由阻抗三角形可以得到电阻、感抗与阻抗的关系为

$$R = |Z|\cos\varphi \quad (3.30)$$

$$X_L = |Z|\sin\varphi \quad (3.31)$$

## 三、计算电路的功率

（1）有功功率。RL 串联电路中只有电阻消耗功率，该电路的有功功率等于电阻的有功功率，即

$$P = IU_R = I^2R = \frac{U_R^2}{R} \quad (3.32)$$

将 $U_R = U\cos\varphi$ 代入式（3.32）可得，**交流电路的有功功率为**

$$P = IU\cos\varphi \tag{3.33}$$

式中，$\varphi$ 是电压与电流间的相位差（或阻抗角）。上式表明，交流电路的有功功率的大小取决于电流 $I$、电压 $U$ 的乘积，还取决于阻抗角的余弦 $\cos\varphi$ 的大小。当电源供给同样大小的电压和电流时，$\cos\varphi$ 越大，有功功率 $P$ 越大。

（2）无功功率。在 $RL$ 串联电路中，电感不消耗能量，它与外界进行能量交换，该电路的无功功率等于电感元件的无功功率，即

$$Q = IU_L = I^2 X_L = \frac{U_L^2}{X_L} \tag{3.34}$$

将 $U_L = U\sin\varphi$ 代入式（3.34）可得，**交流电路的无功功率为**

$$Q = IU\sin\varphi \tag{3.35}$$

（3）视在功率。在交流电路中，交流电压有效值和电流有效值的乘积称为**视在功率**，即

$$S = IU \tag{3.36}$$

式中，$S$ 称为视在功率。为了区别有功功率和无功功率，视在功率 $S$ 单位用 V·A（伏安）。常用单位有 kV·A（千伏安），$1\text{kV·A} = 10^3\text{V·A}$。

视在功率反应交流电气设备能提供或取用功率的能力。交流电气设备的能力称为**额定容量**，简称容量，是按照预先设计的额定电压 $U_N$ 和额定电流 $I_N$ 来确定的，用额定视在功率 $S_N$ 表示，即 $S_N = I_N U_N$。

将图 3.17 的电压三角形三边同时乘以 $I$，就可以得到由有功功率 $P$、无功功率 $Q$ 和视在功率 $S$ 组成一个直角三角形，称为**功率三角形**，如图 1.19 所示。从功率三角形可以得到 $P$、$Q$、$S$ 的关系为

$$S = \sqrt{P^2 + Q^2} \tag{3.37}$$

$$P = S\cos\varphi \tag{3.38}$$

$$\cos\varphi = \frac{P}{S} \tag{3.39}$$

图 3.19 功率三角形

**例 3.7** 将电感为 255mH、电阻为 60Ω 的线圈接到 220V 的工频交流电源上。试求：（1）线圈的阻抗；（2）电流有效值；（3）电路的有功功率和无功功率；（4）电源提供的视在功率。

解：(1) 线圈感抗为

$$X_L = 2\pi fL = 2 \times 3.14 \times 50 \times 255 \times 10^{-3} \Omega = 80\Omega$$

线圈的阻抗为

$$|Z| = \sqrt{R^2 + X_L^2} = \sqrt{60^2 + 80^2}\,\Omega = 100\Omega$$

(2) 电流的有效值为

$$I = \frac{U}{|Z|} = \frac{220}{100}\,A = 2.2\,A$$

(3) 电路的有功功率为

$$P = I^2 R = 2.2^2 \times 60\,W = 290.4\,W$$

电路的无功功率为

$$Q = I^2 X_L = 2.2^2 \times 80\,var = 387.2\,var$$

(4) 电源提供的视在功率为

$$S = IU = 2.2 \times 220\,V \cdot A = 484\,V \cdot A$$

### 特别提示

阻抗角 $\varphi$ 实质是电压和电流之间的相位差。在纯电阻电路中，电压与电流同相，即 $\varphi = 0$，电路呈电阻性；在纯电感电路中，电压超前电流 $90°$，即 $\varphi = 90° > 0$，电路呈电感性；在纯电容电路中，电压滞后电流 $90°$，即 $\varphi = -90° < 0$，电路呈电容性。由此可见，根据阻抗角 $\varphi$ 的正负可以判断出电路的性质。同理，$RL$ 串联电路也呈电感性，是电感性负载。

有功功率反映交流电路中实际消耗的功率；无功功率反映交流电路与电源之间进行能量交换的规模，并不代表电路实际消耗的功率；视在功率反映交流电气设备能提供或取用功率的能力。

想一想

### 导线绝缘层的恢复

导线绝缘层因外界因素而破坏，导线在做连接后为保证安全用电，都必须恢复其绝缘层。恢复绝缘层后的强度不应低于原有绝缘层的绝缘强度。通常使用的绝缘材料有黄蜡带、涤纶薄膜带和黑胶带等，黄蜡带和黑胶带一般宽为 20mm，较适中，包扎方便。

绝缘带包扎的方法如图 3.20 所示。将黄蜡带从导线左边完整的绝缘层开始包扎，包扎两根带宽（40mm）后方可进入无绝缘层的线芯部分，黄蜡带与导线保持 55° 的倾角，后一圈叠压在前一圈 1/2 的宽度上，包扎一层黄蜡带后，将黑胶带接在黄蜡带的尾端，向相反方向斜叠包扎，仍倾斜 55°，后一圈叠压在前一圈 1/2 处，以保证绝缘层恢复后的绝缘性能。

项目三　单相交流电路

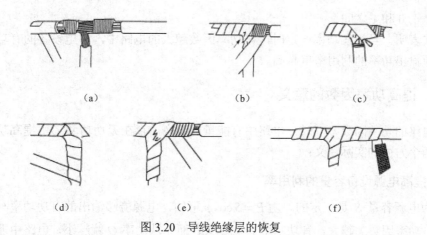

图 3.20　导线绝缘层的恢复

> 1. RL 串联电路的 $U_R$、$U_L$ 和 $U$ 构成＿＿＿＿三角形，$R$、$X_L$ 和 $|Z|$ 构成＿＿＿＿三角形。
> 2. RL 串联电路的 $U_R$、$U_L$ 和 $U$ 的关系是＿＿＿＿，$R$、$X_L$ 和 $|Z|$ 的关系是＿＿＿＿。
> 3. $|Z|$ 称为电路的＿＿＿＿，其值等于＿＿＿＿有效值与＿＿＿＿有效值之比，它表示电路对交流电的＿＿＿＿作用的大小。
> 4. 有功功率反应交流电路中＿＿＿＿的功率，无功功率反应交流电路与电源之间进行＿＿＿＿的规模，视在功率反映交流电气设备＿＿＿＿的能力。
> 5. $P$、$Q$ 和 $S$ 组成的直角三角形称为＿＿＿＿三角形。

## 任务十九　提高交流电路的功率因数

### 一、认识电路的功率因数

在 RL 串联电路中，既有耗能元件电阻，又有储能元件电感，因此电源提供的总功率一部分被电阻消耗，是有功功率；一部分被纯电感负载吸收，是无功功率。这样就存在电源功率的利用率问题，为了反映功率利用率，把有功功率与视在功率的比值称为**功率因数**，用 $\lambda$ 表示，即

$$\lambda = \cos\varphi = \frac{P}{S} \qquad (3.40)$$

式中，$\varphi$ 是电路中电压与电流之间的相位差，有时又称功率因数角。

功率因数是供电系统中一个相当重要的参数，其数值取决于负载的性质。在纯电阻电路中，电压与电流同相位，即 $\varphi=0$，则功率因数 $\lambda=1$。在纯电感电路中，$\varphi\neq 0$，功率因数

λ≠1，介于 0 和 1 之间。

上式表明，当视在功率一定时，在功率因数越大的电路中，用电设备的有功功率也越大，电源输出功率的利用率就越高。

## 二、提高功率因数的意义

当电路的功率因数 λ≠1 时，电路中有能量的交换，存在无功功率 $Q$，**提高功率因数具有以下两个方面的实际意义：**

### 1. 提高电源设备容量的利用率

因为电源容量 $S$ 是一定的，由 $P=S\cos\varphi$ 可知，电源能够输出的有功功率与功率因数成正比。功率因数 λ 越大，有功功率 $P$ 就越大，而无功功率 $Q$ 就越小，电路中能量交换的规模就越小，电源设备的容量就能得到充分的利用。

例如，容量为 1000kV·A 的发电机，当 λ=0.7 时，只能输出 700kW 的有功功率，而在 λ=0.9 时，能够输出 900kW 的有功功率。

**例 3.8** 已知一台发电机的额定电压为 220V，视在功率为 4400kV·A。（1）用该发电机向额定电压为 220V，有功功率为 4.4kW，功率因数为 0.5 的用电器供电，能使多少个这样的用电器正常工作？（2）若把功率因数提高到 0.8，又能使多少个这样的用电器正常工作？

**解**：（1）发电机的额定电流为

$$I_N = \frac{S_N}{U_N} = \frac{4400\times 10^3}{220}\text{A} = 20000\,\text{A}$$

每个用电器的电流为

$$I = \frac{P}{U\cos\varphi} = \frac{4.4\times 10^3}{220\times 0.5}\text{A} = 40\,\text{A}$$

供电的用电器个数为

$$\frac{I_N}{I} = \frac{20000}{40} = 500\,\text{个}$$

（2）每个用电器的电流为

$$I' = \frac{P}{U\cos\varphi} = \frac{4.4\times 10^3}{220\times 0.8}\text{A} = 25\,\text{A}$$

供电的用电器个数为

$$\frac{I_N}{I'} = \frac{20000}{25} = 800\,\text{个}$$

### 2. 减少输电线路的损耗

设输电线路的电阻为 $r$，则输电线路的损耗为 $I^2r$。因为 $I=\dfrac{P}{U\cos\varphi}$，当电压 $U$ 和有功功率 $P$ 一定时，功率因数 λ 越大，输电线路的电流 $I$ 就越小，线路的功率损耗也越小。

**例 3.9** 一座发电站以 220kV 的高压输送给负载 $4.4\times10^5$kW 的电力,如果输电线路的总电阻为 10Ω,试计算功率因数由 0.5 提高到 0.8 时,输电线上一天可少损失多少度电?

**解**:当功率因数 $\lambda_1=0.5$ 时,线路中的电流为

$$I_1=\frac{P}{U\cos\varphi_1}=\frac{4.4\times10^5}{220\times10^3\times0.5}\text{A}=4\times10^3\text{ A}$$

当功率因数 $\lambda_2=0.8$ 时,线路中的电流为

$$I_2=\frac{P}{U\cos\varphi_2}=\frac{4.4\times10^5}{220\times10^3\times0.8}\text{A}=2.5\times10^3\text{ A}$$

一天少损失的电能为

$$\Delta W=(I_1^2R-I_2^2R)\,t=\left[(4\times10^3)^2\times10-(2.5\times10^3)^2\times10\right]\times24\text{kW}\cdot\text{h}=2.34\times10^6\text{ kW}\cdot\text{h}$$

由上面的计算可知,提高线路的功率因数可以降低输电线路的功率损失,从而节约了大量电能。

### 三、提高功率因数的方法

实际供电线路中,功率因数低的根本原因是线路上接有大量的电感性负载。例如,三相异步电动机,满载时的功率因数为 0.7~0.8,轻载时只有 0.4~0.5,空载时只有 0.2。

按照供、用电规则,高压供电的工业、企业单位,平均功率因数不得低于 0.95,其他单位不得低于 0.9。因此,必须设法提高功率因数。

既能提高线路功率因数,又要保证电感性负载正常工作,**常用的方法是在电感性负载两端并联电容器**,称为并联补偿法,如图 3.21 所示。图中,感性负载用虚框线内的 RL 串联支路表示,感性负载电流为 $i_L$。$u$ 为线路总电压,$i$ 为线路电流,并联电容前线路电流也是负载电流。并联电容器后电路的有功功率不变,这是因为电容器不消耗电能,负载的工作状态不受任何影响。

理论分析可以得到,感性负载两端并联的电容器电容量 $C$ 的计算公式为

$$C=\frac{P}{\omega U^2}(\tan\varphi_L-\tan\varphi) \tag{3.41}$$

式中,$\cos\varphi_L$ 为并联电容器前线路的功率因数,$\varphi_L$ 为功率因数角。$\cos\varphi$ 为并联电容器后线路的功率因数,$\varphi$ 为功率因数角。

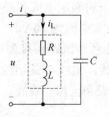

图 3.21 电感性负载并联电容提高功率因数

**例 3.10** 有一电感性负载,功率为 10kW,功率因数为 0.6,接在电压为 220V、50Hz 的交流电源上。试求:(1)若将功率因数提高到 0.95,需并联多大的电容?(2)计算并联电容前、后的线路电流。

**解:**(1)由 $\cos\varphi_L = 0.6$ 得 $\varphi_L = 53°$,由 $\cos\varphi = 0.95$ 得 $\varphi = 18°$。由式(3.41)可得

$$C = \frac{10 \times 10^3}{2\pi \times 50 \times 220^2}(\tan 53° - \tan 18°)\text{F} \approx 656\mu\text{F}$$

(2)并联电容前的线路电流即负载电流为

$$I_L = \frac{P}{U\cos\varphi_L} = \frac{10 \times 10^3}{220 \times 0.6}\text{A} \approx 75.8\text{A}$$

并联电容后的线路电流为

$$I = \frac{P}{U\cos\varphi} = \frac{10 \times 10^3}{220 \times 0.95}\text{A} \approx 47.8\text{A}$$

由上面的计算可知,电感性负载两端并联电容后,减小了输电线路电流,从而提高了输电网的功率因数。

### 特别提示

> 提高功率因数是要提高线路的功率因数,而不是提高某一负载的功率因数,功率因数的提高必须是在保证负载正常工作的前提下实现。
>
> 在实际电力系统中,并不要求将功率因数提高到 1。因为这样做经济效果并不显著,还要增加大量的设备投资。根据具体的电路,经过经济技术比较,把功率因数提高到适当的数值即可。

想一想

## 单相电能表

电能表也叫电度表,以 kW·h 作为计量单位,通常安装在家庭电路的干路上。一般家庭使用的是 DD 系列的电能表,如 DD862,其中 DD 表示单相电能表,数字 862 为设计序号。其主要技术数据为"220V,50Hz,5(20),1950r/kW·h",220V、50Hz 是电能表的额定电压和工作频率,5(20)是电能表的额定电流和最大电流,括号外的 5 表示额定电流为 5A,括号内的 20 表示允许使用的最大电流为 20A。

用电笔找出电源的火线,按表上所谓线路图接到电度表的四个接线柱上。1、3 进线,2、4 出线,进线 1 是相线,3 是零线,出线 2 是相线,5 是零线。电能表应放正,并装在干燥处,高度为 1.8～2.1m,便于抄表和检修。装好后。拧亮电灯,电能表转盘应从左向右转动。

项目三 单相交流电路

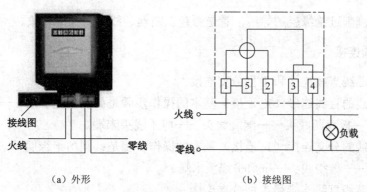

（a）外形　　　　　　　　　　　（b）接线图

图 3.22　单相电能表

 **练一练**

1. 把_____功率与_____功率的比值称为功率因数。在纯电阻电路中，功率因数为_____。在纯电感电路中，功率因数介于_____和_____之间。
2. 提高功率因数的意义在于：一是_____，二是_____。
3. 实际供电线路中，功率因数低的根本原因是线路上接有大量的_____负载。提高线路功率因数常用的方法是在电感性负载两端_____。
4. 电感性负载两端并联电容器后电路的_____不变，这是因为电容器不消耗_____，电感性负载的工作状态_____。

# 技能训练三　导线的剥削与连接

## 一、训练目标

1. 熟练掌握常用剥削导线绝缘层的方法。
2. 学会各种导线的一般连接方法。

## 二、仪器、设备及元器件

1. 工具钢丝钳、电工刀、剥线钳。
2. BV2.5 mm², BV6mm², 单股导线, BLV2.5 mm², 护套线, BLX2.5 mm², 橡皮绝缘导线, R1.02.5 mm² 双绞线。

## 三、训练内容

**1. 导线绝缘层的剥削**

（1）根据不同的导线选用适当的剥削工具。
（2）采用正确的方法进行绝缘层的剥削。

(3) 检查剥削过绝缘层的导线，看是否存在断丝、线芯受损的现象。

### 2．导线的连接

（1）单股芯线直线连接和 T 型分支连接

单股铝芯线的直线连接（X 连接）基本的操作步骤是：剥削绝缘层——把两线头的线芯 X 形相交——扳直两线头——缠绕线头——剪平线头末端。

单股铝芯线的分支连接（T 连接）基本的操作步骤是：剥削绝缘层——把两线头的线芯十字形相交——缠绕线头——剪平线头末端。

（2）七股芯线直线连接和 T 型分支连接

七股铝芯导线的直线连接（X 连接）基本的操作步骤是：剥削绝缘层——散开芯线——对叉伞形芯线头——分组缠绕线头——剪平线头末端。

七股铝芯导线的分支连接（T 连接）基本的操作步骤是：剥削绝缘层——绞紧并把支线成排插入缝隙——缠绕线头——剪平线头末端。

## 四、考核评价

学生技能训练的考核评价如表 3.2 所示。

表 3.2　技能训练三考核评价表

| 考核项目 | 评分标准 | 配分 | 扣分 | 得分 |
| --- | --- | --- | --- | --- |
| 导线绝缘层的剥削 | 电工工具使用错误扣 5 分 | 10 | | |
| | 导线绝缘层的剥削不当扣 5-10 分 | 20 | | |
| | 线芯有断丝、受损现象扣 5 分 | 10 | | |
| 导线的连接 | 缠绕方法不正确扣 5 分 | 10 | | |
| | 缠绕不整齐不紧密扣 5-10 分 | 30 | | |
| | 线芯有断丝、受损现象扣 5 分 | 10 | | |
| 安全文明操作 | 有不文明操作行为，或违规、违纪出现安全事故，工作台上脏乱，酌情扣 3～10 分 | 10 | | |
| 合计 | | 100 | | |

# 技能训练四　照明电路配电板的安装

## 一、训练目标

1．熟悉照明电路配电板的基本组成。
2．熟悉电能表、开关和熔断器的作用和安装方法。
3．会进行线路的布线布局，并能正确安装照明配电板。

## 二、仪器、设备及元器件

1. 配电板一块、电工安装工具一套、万用表、导线若干。
2. 电能表一只、闸刀开关一个、熔断器一个。

## 三、训练内容

照明配电板装置是用户室内照明及电器用电的配电点，输入端接在供电部分送到用户的进户线上，它将计量、保护和控制电器安装在一起，便于管理和维护，有利于安全用电。

单相照明配电板如图 3.23 所示。图中，进户线有两根，一个是相线（火线），另一根是零线，在正常情况下，火线与零线之间的电压为 220V；电能表是计量用户消耗电能的仪表，要安装在干线上；闸刀开关是用来控制总电路的通或断，熔断器起过载和短路保护作用。

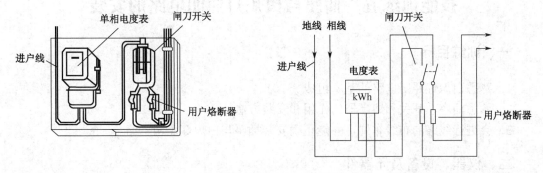

图 3.23　照明配电板

1. 器件的识别。识别待安装的器件，并对导线、开关、熔断器等进行外观和质量检查。
2. 按图 3.23 所示的布置图，在配电板上设计布线布局。
3. 照明配电板的安装。安装工艺要求：
（1）器件布局合理，间距合理。
（2）器件安装位置正确，倾斜度不超过 1.5～5mm。
（3）器件接线正确，安装要牢固，用手摇晃无松动感。
（4）文明安装，小心谨慎，不得损坏或损伤器件。

## 四、考核评价

学生技能训练的考核评价如表 3.3 所示。

表 3.3　技能训练四考核评价表

| 考核项目 | 评分标准 | 配分 | 扣分 | 得分 |
| --- | --- | --- | --- | --- |
| 器件的识别 | 电能表接线图未识读扣 2 分 | 4 | | |
| | 闸刀开关未检查扣 2 分 | 4 | | |
| | 熔断器未检查扣 2 分 | 4 | | |
| | 导线质量未检查扣 2 分 | 4 | | |

续表

| 考核项目 | 评分标准 | 配分 | 扣分 | 得分 |
|---|---|---|---|---|
| 电路安装 | 布局合理,不符合要求扣2分 | 4 | | |
| | 安装位置正确,错一处扣2分 | 10 | | |
| | 器件安装不完整,少安装1个器件扣4分;器件安装倾斜、松动一处扣2分;连接不牢固,出现一处扣2分 | 24 | | |
| | 器件完好,每损坏1个器件扣5分 | 10 | | |
| 导线连接 | 导线连接正确,每接错一处扣1分 | 26 | | |
| 安全文明操作 | 有不文明操作行为,或违规、违纪出现安全事故,工作台上脏乱,酌情扣3~10分 | 10 | | |
| 合计 | | 100 | | |

# 技能训练五　插座与白炽灯照明电路的安装

## 一、训练目标

1. 熟悉白炽灯照明电路的基本组成。
2. 熟悉插座、开关和熔断器的作用和安装方法。
3. 会进行线路的布线布局,并能正确安装插座与白炽灯照明电路。

## 二、仪器、设备及元器件

1. 电工安装工具一套、万用表、试电笔、导线若干。
2. 开关、熔断器、单相三孔插座、灯座、白炽灯泡各一个。

## 三、训练内容

插座与白炽灯照明电路由导线、开关、熔断器、插座和照明灯具组成,如图3.24所示。图中,"⌒"表示开关,"▭"表示熔断器,"⊗"表示白炽灯,"⊢⊣"表示两根导线,"⊬⊣"表示三根导线,四根及以上导线用数字表示,插座为单相三孔插座。

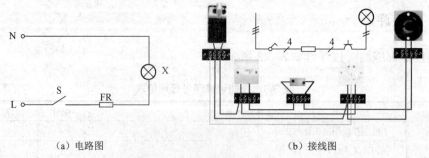

(a) 电路图　　　　　　　　　　(b) 接线图

图3.24　插座与白炽灯照明电路

1. 熟悉电路元器件,并用万用表检查元件质量

2．画线定位，固定线卡，铺设导线。导线铺设时要做到横平、竖直和平服。凡几条线平行铺设时，应铺得紧密，线与线之间不能有明显的空隙，要注意将线拉直收紧。然后用线卡夹持导线，将其固定。

3．元器件安装

（1）在安装台上固定各元器件，将导线按要求固定到各元件的接线柱上。

（2）开关的连接线柱都装在火线上。

（3）插座接线孔要按一定顺序排列。单相双孔插座垂直排列时，相线孔在上方，零线孔在下方；水平排列时，相线孔在右孔，零线孔在左。

4．测量检查及通电试验

（1）通电前检查

用万用表欧姆挡检测电路是否正常工作，若存在故障，排除后方可通电。

（2）通电后检查

用万用表电压挡测量电压是否为220V。

用试电笔检查电源火线，检查零线是否带电，带电则零线断开。

用试电笔检查灯头外螺纹是否带电，带电则灯头的零火线接反。

用试电笔检查插座左右孔，正常为左零右火。

## 四、考核评价

学生技能训练的考核评价如表 3.4 所示。

表 3.4 技能训练五考核评价表

| 考核项目 | 评分标准 | 配分 | 扣分 | 得分 |
| --- | --- | --- | --- | --- |
| 器件的检查 | 开关未检查扣 1 分 | 2 | | |
| | 熔断器未检查扣 1 分 | 2 | | |
| | 插座未检查扣 1 分 | 2 | | |
| | 灯座及灯泡未检查扣 1 分 | 2 | | |
| 电路安装 | 布局合理，不符合要求扣 1 分 | 4 | | |
| | 安装位置正确，错一处扣 1 分 | 8 | | |
| | 器件安装不完整，少安装 1 个器件扣 2 分；器件安装倾斜、松动一处扣 1 分；连接不牢固，出现一处扣 1 分 | 18 | | |
| | 器件完好，每损坏 1 个器件扣 5 分 | 10 | | |
| 通电试验 | 通电前未按要求检查扣 2 分 | 6 | | |
| | 通电后未按要求检查扣 4 分 | 10 | | |
| | 一次通电不成功扣 10 分，二次通电不成功扣 15 分 | 26 | | |
| 安全文明操作 | 有不文明操作行为，或违规、违纪出现安全事故，工作台上脏乱，酌情扣 3～10 分 | 10 | | |
| 合计 | | 100 | | |

## 技能训练六　日光灯照明电路的安装

### 一、训练目标

1. 明确日光灯电路组成及其各组成部分的作用。
2. 认识电路图并能按照电路图安装日光灯照明电路。
3. 学会检测并能判断电路故障并排除故障。

### 二、仪器、设备及元器件

1. 电工安装工具一套、万用表、试电笔、导线若干。
2. 日光灯管及灯座、开关、镇流器、启辉器及启辉器座各一个。

### 三、训练内容

日光灯照明电路主要由灯管、镇流器、启动器（又称启辉器）组成，如图3.25所示。日光灯是一根充满有少量银蒸汽和惰性气体的细长玻璃管，管内壁上涂有一层荧光粉，灯管两端各有一组灯丝，灯丝上涂有易使电子发射的金属粉末；镇流器是一个带有铁芯的电感线圈，在启动时产生瞬间高压点亮灯管，在正常工作时起降压限流作用，镇流器与相应规格的灯管配套使用；启辉器在日光灯电路中起自动开关作用，启辉器中的电容主要用于消除日光灯对附近无线电设备的干扰。

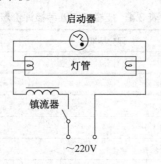

图3.25　日光灯照明电路

1. **检测元器件的质量**

用万用表检测日光灯和镇流器的质量；检查日光灯插座和启辉器底座内接线是否良好、是否损坏；检查灯管的功率和镇流器功率是否相同，否则灯管不能发光或是使灯管和镇流器损坏。

2. **安装日光灯电路**

（1）导线铺设。根据日光灯电路各部件的尺寸大小进行合理布局定位。导线铺设要做到横平、竖直和平服。凡几条线平行铺设时，应铺得紧密，线与线之间不能有明显的空隙，要注意将线拉直收紧。然后用线卡夹持导线，将其固定。

（2）器件安装。在安装台上固定各元器件，将导线按要求固定到各元件的接线柱上。

灯座一端的导线与电源的零线连接,另一端与镇流器连接,电源的相线接入开关。连接开关和镇流器,镇流器必须与灯管串联,启辉器与灯管并联。

### 3. 通电试验

安装好日光灯电路,用万用表电阻挡检查电路的通断。经检查无误,合上开关,通电试验,仔细观察日光灯电路的启辉器情况。

### 4. 故障排除

通电试验中,对遇到的故障现象,要分析故障原因,并及时加以排除。若遇到日光灯不亮,可能的故障原因是:接线存在错误;启辉器损坏或与底座接触不良;灯丝断开或灯管漏气;灯脚与灯管接触不良;镇流器内部线圈开路,接头松动或与灯管不配套;电源电压太低或线路电压降太大。

## 四、考核评价

学生技能训练的考核评价如表 3.5 所示。

表 3.5 技能训练六考核评价表

| 考核项目 | 评分标准 | 配分 | 扣分 | 得分 |
| --- | --- | --- | --- | --- |
| 器件检查 | 漏检或错检一个扣 2 分 | 10 | | |
| 器件安装 | 装错一个扣 5 分,安装不牢固或不合理每个扣 3 分 | 20 | | |
| 布线 | 布线不规范,每处扣 2 分,接线桩线头露铜过长扣 2 分 | 20 | | |
| 通电试验 | 日光灯不亮,扣 15 分,接触不良每处扣 2 分 | 25 | | |
| 故障排除 | 不快速排除故障扣 5 分,不能排除故障扣 15 分 | 15 | | |
| 安全文明操作 | 有不文明操作行为,或违规、违纪出现安全事故,工作台上脏乱,酌情扣 3~10 分 | 10 | | |
| 合计 | | 100 | | |

# 巩固练习三

## 一、填空题

1. 把 _____ 和 _____ 都随时间按 _____ 变化的电压和电流称为正弦交流电。
2. 我国工业及生活中使用的交流电的频率为 _____,周期为 _____。
3. 我国生活照明用电的电压为 _____,其最大值为 _____。
4. 已知交流电压 $u = 220\sqrt{2}\sin(314t + 60°)$ V,其最大值为 _____,有效值为 _____,角频率为 _____,初相为 _____。
5. 已知交流电流 $i = 10\sqrt{2}\sin(314t + 30°)$ A,电流的有效值为 _____,频率为 _____,周期为 _____。
6. 已知两个交流电 $i_1 = 10\sin(314t - 30°)$ A,$i_2 = 30\sin(314t + 90°)$ A,则 $i_1$ 和 $i_2$ 的相位

差为_____，_____超前_____。

7. 把 110V 的交流电压加在 55Ω 的电阻上，则电阻上电压 $U$ 为_____，电流 $I$ 为_____。

8. 在纯电感交流电路中，已知电路中电流 $I=5A$，电压 $u=20\sqrt{2}\sin(314t)$ V，则感抗 $X_L$ 为_____，电感量 $L$ 为_____。

9. 在纯电容交流电路中，已知电路中电流 $I=5A$，电压 $u=10\sqrt{2}\sin(314t)$ V，则容抗 $X_C$ 为_____，电容量 $C$ 为_____。

10. 一个电感为 100mH，电阻不计的线圈接在"220V，50Hz"的交流电上，线圈的感抗为_____，线圈中的电流为_____。

11. 在交流电路中，频率越低，感抗越_____，容抗越_____。所以在直流电路中，电感可看做是_____，电容可看做是_____。

12. 日光灯电路可近似看作是_____的串联电路，其中镇流器（电阻不计）相当于_____，日光灯相当于_____。

13. $RL$ 串联电路中，$\varphi$ 称为_____，也称为_____，$\cos\varphi$ 叫做_____，其定义为_____。

14. 在电路中，若视在功率不变，当 $\cos\varphi$ 提高后，有功功率 $P$ 将_____，无功功率 $Q$ 将_____。

## 二、单项选择题

1. 交流电的三要素是指_____。
   A．频率、周期、最大值
   B．相位、振幅、角频率
   C．最大值、频率、初相

2. 通常交流仪表测量的交流电压值是_____。
   A．有效值　　　B．最大值　　　C．瞬时值

3. 关于交流电的有效值，下列说法正确的是_____。
   A．有效值是最大值的 $\sqrt{2}$ 倍
   B．最大值是有效值的 $\sqrt{2}$ 倍
   C．最大值为 311V 的交流电，可以用 220V 的直流电代替

4. 两个同频率的交流电的相位差等于 180°时，则它们的相位关系是_____。
   A．同相　　　B．反相　　　C．超前

5. 在纯电阻电路中，下列说法不正确的是_____。
   A．电压和电流同相位
   B．电压和电流同频率
   C．$u=IR$

6. 在纯电感电路中，下列说法不正确的是_____。
   A．电压和电流同相位
   B．电压和电流同频率
   C．电压超前电流 90°

7. 在纯电感电路中，电流应为_____。
   A. $i = U/X_L$      B. $I = U/L$      C. $I = U/(\omega L)$

8. 在纯电感电路中，电压有效值不变，增加电源频率时，电路中电流将_____。
   A. 增大           B. 减小           C. 不变

9. 在纯电容电路中，电压有效值不变，增加电源频率时，电路中电流将_____。
   A. 增大           B. 减小           C. 不变

10. 交流电路中的电容元件_____。
    A. 频率越高，容抗越大
    B. 频率越高，容抗越小
    C. 容抗与频率无关

11. 在 RL 串联交流电路中，已知电源电压 $U$=100V，电阻两端电压 $U_R$=60V，则电感两端电压 $U_L$ 为_____。
    A. 160V           B. 40V            C. 80V

12. 将 $R$=8Ω，$X_L$=6Ω 的线圈接于 220V 交流电源上，这时电路中电流为_____。
    A. 10A            B. 22A            C. 7A

13. 上题中电路的功率因数为_____。
    A. 0.6            B. 0.8            C. 1

14. 下列的负载电路中，功率因数最低的是_____。
    A. 纯电感电路     B. 纯电阻电路     C. RL 串联电路

15. 提高功率因数的意义在于_____。
    A. 减小负载消耗功率              B. 减小负载电流
    C. 减小负载的无功功率            D. 减小线路电流及其损耗

16. 电力系统提高功率因数的方法是_____。
    A. 容性负载串联电感              B. 感性负载串联电容
    C. 电阻负载并联电容              D. 感性负载并联电容

17. 一般供电系统功率因数低的原因是_____。
    A. 用电设备多为感性负载          B. 用电设备多为容性负载
    C. 用电设备多为电阻性负载        D. 用电设备多为纯电感

### 三、分析与计算题

1. 已知交流电压为 $u = 220\sin(10000t + 200°)\text{V}$，试求该交流电压的三要素。

2. 已知某交流电压为 $u = 311\sin(100\pi t + 60°)\text{V}$，试求该交流电的最大值、有效值、频率和初相。

3. 某电容器的耐压为 220V，问该电容器能否接在 220V 的交流电源上安全使用？

4. 设两个交流电流 $u_1=10\sin(\omega t+90°)\text{A}$，$u_2=20\sin(\omega t-30°)\text{A}$，试求 $u_1$ 与 $u_2$ 的相位差并指出它们的相位关系。

5. 把一个 220V、60W 的灯泡接交流电压 $u = 311\sin(314t)\text{V}$，试求：
   （1）通过灯泡的电流和灯泡的电阻；
   （2）将这个灯泡接在 110V 的交流电源上，它消耗的功率是多少？

6. 一个 220V、100W 电炉接在 220V、50Hz 的交流电源上，问：

（1）电炉的电阻是多少？

（2）通过电炉的电流是多少？

（3）设电炉每天使用 2h（小时），问每月（按 30 天计）能消耗多少度电？

7. 已知 2.2mH 的电感线圈接在电压有效值为 220V，角频率为 $10^5$ rad/s 的交流电源上，试求：

（1）线圈的感抗；

（2）线圈中电流的有效值。

8. 把电感为 10mH 的线圈接到 $u = 141\sin(100\pi t + \dfrac{\pi}{6})$ V 的交流电源上。试求：

（1）线圈中电流的有效值；

（2）电路的无功功率。

9. 已知一电容 $C = 50\mu F$，接到 200V、50Hz 的交流电源上。试求：

（1）电容的容抗；

（2）电流的有效值。

10. 把一个电容器接到 $u = 220\sqrt{2}\sin(314t + \dfrac{\pi}{3})$ V 的电源上，电容器电容 $C = 40\mu F$，试求：

（1）电容的容抗；

（2）电流的有效值；

（3）电路的无功功率。

11. 将一个电阻和电感线圈串接在 $U = 5\sqrt{2}$ V 的交流电源上，已知电阻上的电压 $U_R = 5$ V，问电感线圈两端电压 $U_L$ 是多少？

12. 把一个电阻为 80Ω，电感为 255mH 的线圈接到 $u = 220\sqrt{2}\sin(100\pi t + \dfrac{\pi}{2})$ V 的电源上，试求：

（1）电流的有效值；

（2）$P$、$Q$、$S$ 及 $\lambda$。

13. 已知某发电机的额定电压为 220V，视在功率为 440kV·A。（1）用该发电机向额定电压为 220V，有功功率为 4.4kW，功率因数为 0.5 的用电器供电，问能供多少个负载？（2）若把功率因数提高到 1，又能供多少个负载？

14. 有一电感性负载，功率为 1.1kW，功率因数为 0.5，接在电压为 220V、50Hz 的交流电源上。若将功率因数提高到 0.8，计算并联电容器前、后的线路电流。

## 学习总结

### 1. 交流电的三要素

（1）交流电三要素。大小和方向都随时间按正弦函数规律变化的电压和电流称为正弦交流电，简称为交流电。振幅、角频率和初相是交流电的三要素。

(2）周期、频率、角频率的关系。三者之间关系为

$$T = \frac{1}{f}, \quad \omega = 2\pi f = \frac{2\pi}{T}$$

（3）最大值与有效值的关系。最大值等于有效值的 $\sqrt{2}$ 倍，即

$$I_m = \sqrt{2}I, \quad U_m = \sqrt{2}U$$

（4）相位差。两个同频率交流电相位之差称为相位差，也即初相之差。相位差为零的两个交流电称为同相。相位差为 $\pi$ 的两个交流电称为反相。相位差不为零的两个交流电在相位上有超前与滞后的关系。

## 2．单一参数的交流电路

纯电阻、纯电感和纯电容电路的基本关系如表 3.6 所示。

表 3.6  单一参数交流电路的比较

| 元件 | 电阻 R | 电感 L | 电容 C |
|---|---|---|---|
| 频率关系 | 同频率 | 同频率 | 同频率 |
| 相位关系 | 电压、电流同相 | 电压超前电流 90° | 电压滞后电流 90° |
| 数量关系 | $U=IR$ | $U=IX_L$ | $U=IX_C$ |
| 阻抗与频率关系 | $R$ 与 $f$ 无关 | $X_L=\omega L=2\pi fL$ | $X_C=\dfrac{1}{\omega C}=\dfrac{1}{2\pi fC}$ |
| 有功功率 | $P=IU=I^2R=\dfrac{U^2}{R}$ | $P=0$ | $P=0$ |
| 无功功率 | $Q=0$ | $Q_L=IU=I^2X_L=\dfrac{U^2}{X_L}$ | $Q_C=IU=I^2X_C=\dfrac{U^2}{X_C}$ |

## 3．RL 串联电路

（1）电压关系。由 $U$、$U_R$、$U_L$ 组成电压三角形，有

$$U=\sqrt{U_R^2+U_L^2}$$

（2）电路阻抗。反应电路对交流电流的阻碍作用。

$$|Z|=\frac{U}{I}=\sqrt{R^2+X_L^2}$$

（3）功率关系。$P$、$Q$、$S$ 组成功率三角形。
有功功率反映交流电路实际消耗的功率，其表达式为

$$P=IU\cos\varphi$$

无功功率反映交流电路与电源之间的能量交换规模，其表达式为

$$Q=IU\sin\varphi$$

视在功率反映交流设备能提供或取用的能量，其表达式为

$$S=IU$$

## 4. 功率因数

(1) 功率因数。把有功功率与视在功率的比值称为**功率因数**，用 λ 表示，即

$$\lambda = \cos\varphi = \frac{P}{S}$$

(2) 提高功率因数的意义。提高电源设备容量的利用率和减少输电线路的损耗。

(3) 提高线路功率因数的方法。电感性负载两端并联电容器，并联的电容器电容量 $C$ 的计算公式为

$$C = \frac{P}{\omega U^2}(\tan\varphi_L - \tan\varphi)$$

# 自我评价

学生通过项目三的学习，按表 3.7 所示内容，实现学习过程的自我评价。

表 3.7 项目三自评表

| 序号 | 自评项目 | 自评标准 | 项目配分 | 项目得分 | 自评成绩 |
|---|---|---|---|---|---|
| 1 | 认识正弦交流电 | 交流电基本概念 | 1 | | |
| | | 交流电三要素 | 2 | | |
| | | 最大值与有效值关系 | 2 | | |
| | | 周期、频率与角频率的关系 | 2 | | |
| | | 同频交流电的相位关系 | 3 | | |
| 2 | 分析纯电阻交流电路 | 纯电阻电路 | 2 | | |
| | | 电压、电流的数量关系 | 4 | | |
| | | 电压、电流的相位关系 | 4 | | |
| | | 电路的有功功率 | 4 | | |
| 3 | 分析纯电感交流电路 | 纯电感电路 | 1 | | |
| | | 电压、电流的数量关系 | 4 | | |
| | | 电压、电流的相位关系 | 2 | | |
| | | 感抗 | 4 | | |
| | | 电路的有功功率 | 4 | | |
| | | 电路的无功功率 | 4 | | |
| 4 | 分析纯电容交流电路 | 纯电容电路 | 1 | | |
| | | 电压、电流的数量关系 | 4 | | |
| | | 电压、电流的相位关系 | 2 | | |
| | | 容抗 | 4 | | |
| | | 电路的有功功率 | 4 | | |
| | | 电路的无功功率 | 4 | | |

续表

| 序号 | 自评项目 | 自评标准 | 项目配分 | 项目得分 | 自评成绩 |
|---|---|---|---|---|---|
| 5 | 分析 RL 串联电路 | RL 串联电路 | 1 | | |
| | | 电压、电流的数量关系 | 4 | | |
| | | 电压三角形 | 2 | | |
| | | 容抗 | 4 | | |
| | | 阻抗三角形 | 2 | | |
| | | 电路的有功功率 | 4 | | |
| | | 电路的无功功率 | 4 | | |
| | | 电路的视在功率 | 4 | | |
| | | 功率三角形 | 3 | | |
| 6 | 提高交流电路的功率因数 | 功率因数 | 2 | | |
| | | 提高功率因数的意义 | 2 | | |
| | | 提高功率因数的方法 | 4 | | |
| 能力缺失 | | | | | |
| 弥补措施 | | | | | |

# 项目四

# 三相交流电路

 学习指南

**项目描述：**

采用三相电力线路输送电能远比单相线路经济，同时三相交流电机的运行性能和效率也比单相交流电机更好，因此，电能输送和动力用电几乎都采用三相制。

学习过程中，从三相交流电生产形式→三相交流电产生→电源联结方式→负载联结方式→三相电路功率→安全用电，要逐步深入、全面理解三相交流电，形成三相交流电路一个较为系统的概念，对原理理解一定要准确，对概念一定要牢记。

**学习目标：**

| 学习任务 | 知识目标 | 基本技能 |
| --- | --- | --- |
| 认识三相交流电 | ① 熟悉动力电与照明电；<br>② 了解三相交流电的产生及相序；<br>③ 熟悉三相对称电压的特点 | ① 会描述三相对称电压 |
| 学习三相电源的连接 | ① 了解三相电源的连接方式；<br>② 熟悉三相四线制和三相三线制；<br>③ 掌握相电压、线电压及其关系 | ① 学会三相四线制和三相三线制供电。<br>② 学会测量电源的相电压和线电压 |
| 学习三相负载的连接 | ① 掌握三相负载的连接方式；<br>② 掌握对称三相负载星形联结时，相电压与线电压、线电流与相电流之间的关系，明确中线的作用；<br>③ 掌握对称三相负载三角形联结时，相电压与线电压、线电流与相电流之间的关系 | ① 学会三相负载的联结方式。<br>② 会测量三相电路的电流与电压 |
| 计算三相电路的功率 | ① 掌握三相电路的功率 | ① 学会计算三相电路的功率 |
| 学会安全用电 | ① 明确触电方式和触电伤害；<br>② 掌握安全用电常识；<br>③ 了解现场急救措施 | ① 学会现场急救措施 |

# 任务二十　认识三相交流电

## 一、了解三相交流电

企业生产和日常生活中使用的电源几乎都是由发电厂生产，通过输电网络输送给电能用户。电能生产主要有火力发电、水力发电、核能发电、风力发电等多种形式，而电厂生产的都是三相交流电，如图 4.1 所示。

目前我国低压供电标准采用频率 50Hz，电压 380V/220V 和三相四线制供电方式。三相交流电被送到工矿企业和居民区。380V 三相交流电源可直接接三相电动机作为工矿企业的生产动力，所以称三相交流电为动力电；而在居民小区，三相交流电被分成三个单相 220V 交流电，分别送到千家万户供照明和家用电器使用，因此单相交流电又称照明电或民用电。

(a) 火力发电

(b) 水力发电

(c) 核能发电

(d) 风力发电

图 4.1　电能生产

## 二、三相交流电的产生

三相交流电由三相交流发电机产生。三相交流发电机内部有三个对称的定子绕组，分别是 $U_1$-$U_2$、$V_1$-$V_2$、$W_1$-$W_2$，它们的结构完全相同，在定子槽中的布置互差 120° 电角度。转子绕组形成一对 N、S 磁极，磁感应强度在转子表面按正弦规律分布，如图 4.2（a）所示。当转子在原动机（如汽轮机、水轮机）的驱动下作匀速旋转，定子绕组切割磁力线，在三个绕组两端分别产生三个正弦交流电压，称为**三相交流电**，如图 4.2（b）所示。

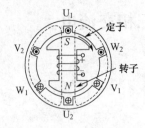 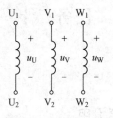

(a) 三相交流发电机示意图　　　(b) 三相绕组示意图

图 4.2　三相交流电的产生

习惯上常以 U 相作为参考相，即假设 U 相初相为零，V 相滞后 U 相 120°，W 相滞后 V 相 120°，则三相交流电压的一般表达式为

$$\left.\begin{array}{l} u_U = \sqrt{2}U_P \sin(\omega t) \\ u_V = \sqrt{2}U_P \sin(\omega t - 120°) \\ u_W = \sqrt{2}U_P \sin(\omega t + 120°) \end{array}\right\} \quad (4.1)$$

由式（4.1）可知，三相交流电压的频率相同、幅值相等、相位依次相差 120°，故称为**对称三相电压**，其波形如图 4.3 所示。

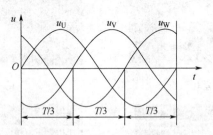

图 4.3　三相交流电压的波形

从图 4.3 所示的波形图可以知道，对称三相电压的瞬时值代数和为零。即

$$u_U + u_V + u_W = 0 \quad (4.2)$$

从计时起点开始的一个周期内，三相交流电依次出现正的最大值（或零值）的先后次序，称为交流电的**相序**。图 4.3 所示的交流电的相序是 U-V-W，称为**正相序**。如果相序为 U-W-V，则称为**负相序**。在电力系统和进行电路分析与计算时多采用正相相序。

### ✏ 特别提示

> 同步发电机转子励磁绕组中通入的是直流电，在定子与转子之间的气隙中形成一个按正弦规律分布的恒定磁场，原动机驱动发电机转子以同步转速 $n$ 旋转（$n = 60f/p$，$f$ 为电源频率，$p$ 为发电机磁极对数）。
>
> 对三相电力用电设备而言，相序是非常重要的，为了区分三相电源相序，分别用黄绿红三种颜色表示 U、V、W 三相。对接入电网的电源或多电源的用电设备，必须按照相序要求进行接线，否则会引起电源短路或设备反转。

 想一想

## 小型柴油发电机的用途

备用电源，像办公写字楼，农村偏远的家庭用户或者是守卫在边疆的解放军营都需要配备备用电源，因为地处偏远，一旦电力出现问题一时难以得到解决，但是像国防这样重要的岗位，丝毫不能松懈和怠慢，所以小型柴油发电机会作为备用电源，紧急情况下会被作为常用电源。

应急电源，主要使用在对电力供应有着十分苛刻要求的单位，如医院、银行。像在上海这样的国际城市有着可靠的电网，突然停电的情况发生的几率非常小。但是为了防止紧急情况，如电路故障或者负荷过高烧坏保险临时停电，所以大部分单位采用了小型柴油发电机作为应急电源。

常用电源，使用途径有两种，一是偏远地区村镇因为电网架设不完善，经常出现停电、断电的情况。二是野外施工，如西部开发拉不到电线，但是施工使用的设备必须插电才能运转，所以小型柴油发电机被作为日常电源。

移动电源，就是在使用时需要移动供电，没有固定的使用地点。所以必须使用移动式小型柴油发电机，机组方便灵活，设计有四个万向移动轮子，大型的会采用拖车。主要使用于施工单位，户外维修，夏季电力抢修和城市路面维修等。

 练一练

1. 对称三相电压就是三个频率_____、幅值_____、相位互差_____的三相交流电压。
2. 三相电源的相序有_____和_____之分。
3. 生产三相对称交流电的必要条件是定子绕组_____和转子磁场在气隙中按_____分布。

# 任务二十一　学习三相电源的连接

 学一学

三相发电机有三个电源绕组，每个绕组都可以接上一个独立负载，形成三个单相供电线路。但这样需要六根输电线，很不经济，没有实用价值。在现代供电系统中，**对称三相电源有两种连接方式，一种是星形联结，另一种是三角形联结。**

## 一、三相电源的星形联结

### 1. 星形联结

将发电机三相绕组的尾端 $U_2$、$V_2$、$W_2$ 连接在一点，首端 $U_1$、$V_1$、$W_1$ 分别接负载，这

种连接方式称为**星形联结，又称 Y 形联结**，如图 4.4 所示。图中三个尾端相连接的点称为电源中点或零点，用 N 表示，从中性点引出的线称为**中性线（简称中线）**。从首端 $U_1$、$V_1$、$W_1$ 引出的三根线称为**相线或端线，俗称火线**。在供配电系统中由三根相线和一根中线所组成的输电方式称为**三相四线制**；无中线的则称为**三相三线制**。

工程中，规定各相用相色加以区别，U 相用黄色标记，V 相用绿色标记，W 相用红色标记，中性线（N）用黑色标记。

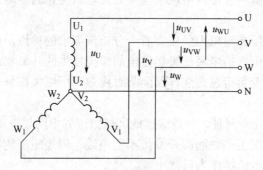

图 4.4　三相电源的星形联结

**2．相电压与线电压**

三相四线制可输送相电压和线电压两种电压。

**相电压**是指相线与中线之间的电压，如图 4.4 所示。图中，$u_U$ 表示 U 相与中性线之间的电压，$u_V$ 表示 V 相与中性线之间的电压，$u_W$ 表示 W 相与中性线之间的电压。对称的三相电源相电压的有效值常用 $U_P$ 表示。

**线电压**是指相线与相线之间的电压，如图 4.4 所示。图中，$u_{UV}$ 表示 U 相与 V 相之间的电压，$u_{VW}$ 表示 V 相与 W 相之间的电压，$u_{WU}$ 表示 W 相与 U 相之间的电压。对称的三相电源线电压的有效值常用 $U_L$ 表示。

在低压配电系统中，相电压通常为 220V，线电压通常为 380V。若三相电源不引出中性线，称为三相三线制，只能提供线电压。

需要说明的是，相电压方向为从相线指向中线；线电压方向为由第一下标的相线指向第二下标的相线。如图 4.4 所示。

**3．相电压与线电压的关系**

有效值关系：理论分析可知，对称三相电源作星形联结时，线电压有效值为相电压有效值的 $\sqrt{3}$ 倍。即

$$U_L = \sqrt{3} U_P \qquad (4.3)$$

相位关系：理论分析可知，对称三相电源作星形联结时，线电压超前对应的相电压 30° 电角度。

## 二、三相电源的三角形联结

将三相发电机每一相绕组的尾端与另一相绕组的首端依次连接，从三个连接点引出三

根相线，这种连接方式称为**三角形（△形）联结**，如图 4.5 所示。

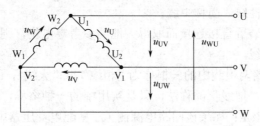

图 4.5　三相电源的三角形联结

从图 4.5 中可以知道，三相电源作三角形联结时，线电压等于相电压，即

$$U_\text{L} = U_\text{P} \tag{4.4}$$

从图 4.5 中可以看出，发电机采用三角形联结容易出现环流，轻则降低发电机效率指标，重则烧毁发电机，采用三角形联结，带三相不平衡的负载能力低，事实上我们实际应用中的很多负载是三相不平衡的。因此发电机原则上不采用三角形联结，都是采用星形联结。

### ✏ 特别提示

> 居民照明线路通常是由线电压 380V 的三相四线制电源供电的，为了使三相电的各相尽可能地均匀承担负载，将整座楼的负载分成三组，分别接到电源的三个相上。由于各组照明负载的功率和照明时间不可能完全相同，所以三相负载不可能是对称的，三相电压或电流就不可能平衡。
> 
> 中性线的作用就在于能保持负载中性点和电源中性点电位一致，从而在三相负载不对称时，负载的相电压仍然是对称的。

 想一想

### 零线、中性线、地线的区别

零线、中性线、地线的区别：零线和中性线在三相四线中实际上是同一根线，但对于三相线中的其中一根相线来说也就是单相电路来说，它是提供这根相线的电流的"回路"线，如果在中性点不接地系统中它的对地电压是不为零的。中性线是指在"星形联结"的三相交流电路中，三根相线连接时的一根"公共线"，在严格的绝对平衡的三相交流负载中，这根中性线是零电位，也就是电压为零。但是为了防止负载"不平衡"而使中性线带电，则要将中性线接地。而接地线则不是指电流回路中的线，它是一根保护线，零线接地，中性线接地，设备外壳保护接地等都是指这根线，它不参与设备的运行，正常时不提供电流回路。

简单说，中性线和零线都是从电源的中性点引出来的导线。中性点接地后引出来的导线叫零线，中性点没有接地引出来的导线叫中性线。和大地接通的导线叫地线。

中性点与零点、中性线与零线的区别：

当电源侧（变压器或发电机）或者负载侧为星形接线时，三相线圈的首端（或尾端）

连接在一起的共同接点称为中性点，简称中点。中性点分电源中性点和负载中性点。由中性点引出的导线称为中性线，简称中线。

如果中性点与接地装置直接连接而取得大地的参考零电位，则该中性点称为零点，从零点引出的导线称为零线。

通常 220V 单相回路两根线中的一根称为"相线"或"火线"，而另一根线称为"零线"或"地线"。"火线"与"地线"的称法，只是实用中的一种俗称，特别是"地线"的称法不确切。严格地说，应该是：如果该回路电源侧（三相配电变压器中性点）接地，则称"零线"；若不接地，则应称"中线"，以免与接地装置中的"地线"相混。

当为三相线路时，除了三根相线外，还可从中性点引出一根导线，即中性点，从而构成三相四线制线路。这种线路中相线之间的电压，称为线电压，相线与零线之间的电压称为相电压。中性点是否接地，亦称为中性点制度。中性点制度可以大致分为两大类，即中性点接地系统与中性点绝缘系统。而按照国际电工委员会（IEC）的规定，将低压配电系统分为 IT、TT、TN 三种，其中 TN 系统又分为 TN-C、TN-S、TN-C-S 三类。

### 练一练

> 一、填空题
> 
> 1. 三相电源相线与中性线之间的电压称为_____。
> 2. 三相电源相线与相线之间的电压称为_____。
> 3. 有中线的三相供电方式称为_____。
> 4. 无中线的三相供电方式称为_____。
> 5. 在三相四线制的照明电路中，相电压是_____V，线电压是_____V。
>
> 二、判断题
> 
> 1. 相与相之间的电压称为相电压。　　　　　　　　　　　　　　（　　）
> 2. 线与线之间的电压称为线电压。　　　　　　　　　　　　　　（　　）
> 3. 中线的作用就是使不对称 Y 形联结负载的端电压保持对称。　（　　）

## 任务二十二　学习三相负载的连接

### 学一学

用电设备分为单相设备和三相设备两大类，对供电系统而言又称为单相负载和三相负载。

### 一、认识单相负载和三相负载

**单相负载**：采用一根相线（俗称火线）和一根工作零线（俗称零线），一起给用电设备提供电能做功，如电灯、电炉、电烙铁等，如图 4.6 所示为常见的单相用电设备。

（a）单相异步电动机

（b）吊灯

（c）热风枪

（d）电烙铁

图 4.6　单相用电设备

**三相负载**：采用三根相线给用电设备提供电源，使其做功，如三相异步电动机、混凝土搅拌机、LED 贴片机等，如图 4.7 所示为常见的三相用电设备。

（a）混凝土搅拌机

（b）电动弯管机

（c）LED 贴片机

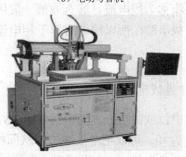
（d）自动灌胶机

图 4.7　三相用电设备

三相负载又可分为对称三相负载和不对称三相负载。其区别为：三相平衡负载其各相电流均比较近似；而三相不平衡负载反映了各相电流差别很大，电流过高的相线容易发热起火，从而引发电气火灾。

三相负载有星形（Y 形）和三角形（△形）两种连接方法，各有其特点，适用于不同的场合，应注意不要搞错，否则会酿成事故。

## 二、三相负载的星形联结

将三相负载的一端连在一起后接到三相电源的中性线上，三相负载的另一端分别接到三相电源的相线上，这种连接方式称为**三相负载的星形联结**，又称 Y 形联结。负载星形联结的三相四线制电路如图 4.8 所示。图中，$Z_U$、$Z_V$、$Z_W$ 为三相负载的阻抗。

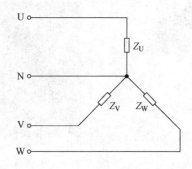

图 4.8  三相负载的星形联结

### 1. 相电压与线电压的关系

由图 4.8 可见，忽略输电线上的阻抗，三相负载的线电压就是电源的线电压；三相负载的相电压就是电源的相电压。于是**星形联结负载的线电压与相电压之间也是 $\sqrt{3}$ 倍的关系**，即

$$U_L = \sqrt{3} U_P \tag{4.5}$$

### 2. 相电流与线电流的关系

三相电路中，流过每相负载的电流称为**相电流**，其有效值一般用 $I_P$ 表示；通过每根相线上的电流称为**线电流**，其有效值一般用 $I_L$ 表示。由于在星形联结中，每根相线都与相应的每相负载串联，所以**线电流等于相电流**，即

$$I_L = I_P \tag{4.6}$$

### 3. 中性线电流

流过中性线的电流称为**中性线电流**，其有效值一般用 $I_N$ 表示。**对于对称三相负载，中性线电流 $I_N=0$，可以把中性线去掉从而构成三相三线制电路。**工业上大量使用的三相异步电动机就是典型的三相对称负载。顺便说明，大电网的三相负载可以认为基本上是对称的，在实际应用中高压输电线都采用三相三线制。

**对于不对称三相负载，中性线电流 $I_N \neq 0$，中性线一般不能去掉**。否则，负载上相电压将会出现不对称现象，有的相电压高于额定电压，有的相电压低于额定电压，负载不能正常工作。所以，星形联结的不对称三相负载，一般采用三相四线制电路，中性线的作用就是保证负载相电压对称。为了防止中性线突然断开，在中性线上不准安装开关或熔断器。

**例4.1** 有三个 100Ω 的电阻，将它们连接成星形联结，如图 4.9 所示，接到线电压为 380V 的对称三相电源上，试求负载的线电压、相电压、线电流和相电流各是多少？

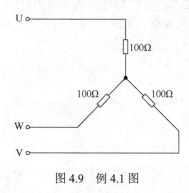

图 4.9 例 4.1 图

**解：** 负载的线电压为

$$U_L = 380\text{V}$$

负载的相电压为

$$U_P = \frac{U_L}{\sqrt{3}} = \frac{380}{\sqrt{3}}\text{V} = 220\text{V}$$

负载的相电流等于线电流，即

$$I_L = I_P = \frac{U_P}{R} = \frac{220}{100}\text{A} = 2.2\text{A}$$

## 三、三相负载的三角形联结

将三相负载依次接在电源的两根相线之间，这种连接方式称为**三相负载的三角形联结**，这种接法像个"△"字，又称△形联结。负载三角形联结的三相电路如图 4.10 所示。

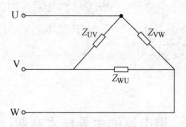

图 4.10 三相负载的三角形联结

### 1. 相电压与线电压的关系

由图 4.10 可以看出，每相负载直接连接在电源的两根相线之间，无论负载对称与否，**三相负载的相电压就是电源的线电压**，即

$$U_P = U_L \tag{4.7}$$

**2. 相电流与线电流的关系**

理论分析可知，对于三相对称负载，线电流有效值与相电流有效值的关系为

$$I_L = \sqrt{3} I_P \tag{4.8}$$

**例 4.2** 有三个 100Ω 的电阻，将它们连接成三角形联结，如图 4.11 所示，接到线电压为 380V 的对称三相电源上，试求负载的线电压、相电压、线电流和相电流各是多少？

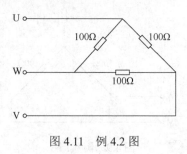

图 4.11　例 4.2 图

**解：** 负载的线电压为

$$U_L = 380\text{V}$$

负载的相电压为

$$U_P = U_L = 380\text{V}$$

负载的相电流为

$$I_P = \frac{U_P}{R} = \frac{380}{100}\text{A} = 3.8\text{A}$$

负载的线电流为

$$I_L = \sqrt{3} I_P = \sqrt{3} \times 3.8\text{A} = 6.58\text{A}$$

### 特别提示

负载与电源的连接方式是由负载的额定电压决定的。当负载额定电压等于电源相电压时，对单项用电器而言就将用电器的两个接线端与相线和中性线（零线）相连接，三相负载则采用星形联结；当负载额定电压等于电源线电压时，单相用电器就应接在两个相线之间，三相负载则采用三角形联结。

### 想一想

### 用电器的主要技术参数

用电器的主要技术参数有：额定电压，额定电流，额定功率，额定频率等，每个产品都有设备铭牌和说明书。额定电压就是用电器正常工作时的电压。额定电流是用电器在额定电压下工作的电流。直流电路中，额定电压与额定电流的乘积就是电器的额定功率。

一定要按用电器技术参数要求正确使用用电器，否则可能损坏用电器，或缩短用电器

的使用寿命。

**练一练**

1. 三相对称负载三角形电路中，线电流大小为相电流大小的_____倍、线电流比相应的相电流_____。
2. 当三相负载越接近对称时，中线电流就越接近为_____。
3. 在对称三相电路中，已知电源线电压有效值为 380V，若负载作星形联结，负载相电压为_____；若负载作三角形联结，负载相电压为_____。
4. 负载的连接方法有_____和_____两种。
5. 中线的作用就在于使星形联结的不对称负载的_____对称。
6. 在三相四线制供电线路中，中线上不许接_____、_____。

# 任务二十三　计算三相电路的功率

**学一学**

三相负载接入供电系统后，都会引起电能的消耗。为了掌握用电设备的用电情况和进行电力负载使用分析，必须准确计算和测量出负载的电功率。

无论三相负载是星形联结，还是三角形联结，三相负载消耗的总有功功率等于各相负载消耗的有功功率之和，即

$$P = P_\text{U} + P_\text{V} + P_\text{W}$$

对于对称三相负载，每相负载的有功功率均相同，故三相有功功率是一相有功功率的 3 倍，即

$$P = 3P_\text{P} = 3U_\text{P} I_\text{P} \cos\varphi \qquad (4.9)$$

式中，$\cos\varphi$ 为每相负载的功率因数。

由于在三相电路中测量线电压和线电流比较方便，所以三相功率在对称负载情况下可用线电压和线电流来计算。

当对称负载作星形联结时

$$U_\text{L} = \sqrt{3}U_\text{P}, \quad I_\text{L} = I_\text{P}$$

所以

$$P = 3U_\text{P} I_\text{P} \cos\varphi = 3\frac{U_\text{L}}{\sqrt{3}} I_\text{L} \cos\varphi = \sqrt{3} I_\text{L} U_\text{L} \cos\varphi$$

当对称负载作三角形联结时

$$U_\text{L} = U_\text{P}, \quad I_\text{L} = \sqrt{3}I_\text{P}$$

所以
$$P = 3U_P I_P \cos\varphi = 3U_L \frac{I_L}{\sqrt{3}} \cos\varphi = \sqrt{3} I_L U_L \cos\varphi$$

综上所述，无论负载是作星形联结还是三角形联结，对称三相电路的有功功率（简称三相功率）均可按下式计算

$$P = \sqrt{3} I_L U_L \cos\varphi \qquad (4.10)$$

式中，$\varphi$ 是相电压与相电流之间的相位差。

同理，三相负载对称时，三相无功功率和三相视在功率的计算公式为

$$Q = \sqrt{3} I_L U_L \sin\varphi \qquad (4.11)$$

$$S = \sqrt{3} I_L U_L \qquad (4.12)$$

**例 4.3** 有一对称三相负载，每相负载 $|Z|=10\Omega$，功率因数 $\cos\varphi = 0.6$，接在线电压为 380V 的三相对称电源上，试分别计算负载作三角形联结和星形联结时的三相有功功率，并比较其结果。

**解**：每相负载阻抗值 $|Z|=10\Omega$，每相负载功率因数 $\cos\varphi = 0.6$。

（1）负载作三角形联结时

相电压 $\qquad U_P = U_L = 380\text{V}$

相电流 $\qquad I_P = \dfrac{U_P}{|Z|} = \dfrac{380}{10}\text{A} = 38\text{A}$

线电流 $\qquad I_L = \sqrt{3} I_P = 38\sqrt{3}\text{A} = 66\text{A}$

有功功率 $\qquad P_\triangle = \sqrt{3} I_L U_L \cos\varphi = \sqrt{3} \times 66 \times 380 \times 0.6\text{W} = 26\text{kW}$

（2）负载作星形联结时

相电压 $\qquad U_P = \dfrac{U_L}{\sqrt{3}} = \dfrac{380}{\sqrt{3}}\text{V} = 220\text{V}$

线电流 $\qquad I_L = I_P = \dfrac{U_P}{|Z|} = \dfrac{220}{10}\text{A} = 22\text{A}$

有功功率 $\qquad P_Y = \sqrt{3} I_L U_L \cos\varphi = \sqrt{3} \times 22 \times 380 \times 0.6\text{W} = 8.7\text{kW}$

比较两种结果，得

$$\frac{P_\triangle}{P_Y} = \frac{26}{8.7} \approx 3$$

从计算结果可以知道，在三相电源线电压相同的情况下，三相对称负载分别作三角形、星形联结，它们所消耗的有功功率是不相等的。

### ✎ 特别提示

三相负载采用星形联结还是三角形联结取决于电源电压和负载的额定电压。当三相负载的额定电压等于电源线电压的 $1/\sqrt{3}$ 时，负载应接成星形；当三相负载的额定电压等于电源线电压时，负载应接成三角形。如照明负载的额定电压为 220V，接在线电压 380V 的三

相电源上工作时,该负载应该接成星形。若误接成三角形,该负载上的电压和电流都会超过额定值,导致负载烧坏。

想一想

## 三相交流功率的测量

实际工作中,经常会遇到三相功率的测量问题。原则上测出每相功率再相加即为三相总功率,但这种方法只对对称的三相四线制系统才方便,对三角形联结和星形联结但无中性线就很困难,常采用两瓦特表,如图4.12所示。

(a)瓦特表　　　　　　　　　　　　(b)三相功率表

(c)单相电能表　　　　　　　　　　(d)三相电能表

图4.12　交流电路常用功率测量表计

练一练

1. 某一对称三相负载,每相的电阻 $R=380\Omega$,连成三角形,接于线电压为380V的电源上,试求其相电流和线电流的大小。

2. 三相对称负载三角形联结,其线电流为 $I_L=5.5A$,有功功率为 $P=7760W$,功率因数 $\cos\varphi=0.8$,求电源的线电压 $U_L$ 和每相阻抗 $Z$。

3. 对称三相电阻炉作三角形联结,每相电阻为 $38\Omega$,接于线电压为380V的对称三相电源上,试求负载相电流 $I_P$、线电流 $I_L$ 和三相有功功率 $P$。

# 任务二十四　学会安全用电

## 学一学

在生产、生活中，越来越离不开电能，如果对电能的利用不当或违规操作、使用，严重时会引起设备损坏、人员伤亡等重大电气事故。因此在使用电能时，提高安全用电意识的前提下，必须掌握安全用电常识和电气事故预防知识。

### 一、触电伤害与形式

#### 1. 触电伤害

人体是导体，当人体与带电体相接触，或在进行带电操作时发生强烈电弧，人的身体通过电流，使人体受到伤害的，即称为触电。触电对人体的伤害，主要有电击和电伤两种。

**电击**：即触电造成的人体内伤。由于电流通过人体使肌肉收缩，人体细胞组织受到损害。当电流达到一定数值时，就会使肌肉发生抽搐，造成呼吸困难、心脏麻痹，甚至会导致死亡。

**电伤**：即触电造成的人体外伤，与电击所不同的仅仅是电流没有通过人体内部。由于电流的热效应、化学效应、机械效应，以及在电流作用下发生电弧或使熔化和蒸发的金属微粒等侵袭人体皮肤，导致局部皮肤受到伤害。严重的电伤也可致人死亡。

#### 2. 触电形式

**单相触电**：人体某一部位接触带电体，电流就通过人体流入地下，称为单相触电。

**两相触电**：人体同时接触带电的两根相线，电流就会通过人体，与两根相线形成回路的，称为两相触电。

**跨步电压和接触电压触电**：当人受到跨步电压作用时，电流就从一脚经胯部再到另一脚流入地下，形成回路的，叫做跨步电压触电。当人受到接触电压作用时，电流就从手经身体流入地下，形成回路的，叫做接触电压触电。

### 二、安全用电

#### 1. 生活中的安全用电常识

（1）不要超负荷用电。空调、烤箱等大容量用电设备应使用专用线路。

（2）要选用合格的电器，不要贪便宜购买使用假冒伪劣电器、电线、线槽（馆）、开关、插头、插座等。

（3）不要私自或请无资质的装修队及人员铺设电线和接装用电设备，安装、修理电器用具要找有资质的单位和人员。

（4）对规定使用接地的用电器具的金属外壳要做好接地保护，不要忘记给三眼插座安装接地线,不要随意把三眼插头改为二眼插头。

(5) 要选用与电线负荷相适应的熔断丝,不要任意加粗熔断丝,严禁用铜丝等代替熔断丝。

(6) 不用湿手、湿布擦带电的灯头、开关和插座等。

(7) 要定期对漏电保护开关进行灵敏性试验。

(8) 晒衣架要与电力线保持安全距离,不要将晒衣杆搁在电线上。

#### 2. 预防常见用电事故

(1) 不乱拉乱接电线。

(2) 在更换熔断丝、拆修电器或移动电器设备时必须切断电源,不要冒险带电操作。

(3) 使用电熨斗、电吹风、电炉等家用电热器时,人不要离开。

(4) 房间内无人时,饮水机应关闭电源。

(5) 发现电器设备冒烟或闻到异味时,要迅速切断电源进行检查。

(6) 电加热设备上不能烘烤衣物。

(7) 要爱护电力设施,不要在架空电线和配电变压器附近放风筝。

### 三、急救措施

#### 1. 应急处置触电事故

(1) 要使触电者迅速脱离电源。应立即拉下电源开关或拔掉电源插头。若无法及时找到或断开电源时,可用干燥的竹竿、木棒等绝缘物挑开电线。

(2) 将脱离电源的触电者迅速移至通风干燥处仰卧,松开上衣和裤带。

(3) 施行急救,及时拨打电话呼叫救护车,尽快送医院抢救。

#### 2. 触电救护措施

发生触电事故时,在保证救护者本身安全的同时,必须首先设法使触电者迅速脱离电源,然后进行以下抢修工作。

(1) 解开妨碍触电者呼吸的紧身衣服。

(2) 检查触电者的口腔,清理口腔的黏液,如有假牙,则取下。

(3) 立即就地进行抢救,如呼吸停止,采用口对口人工呼吸法抢救,若心脏停止跳动或不规则颤动,可进行人工胸外挤压法抢救,决不能无故中断。

### 特别提示

为了确保用电安全,在电力设施、设备及其周围会设置警示牌,常用的有禁止牌、提示牌、警告牌、编号牌等,用红色表示禁止、危险,黄色表示提醒,绿色表示允许、安全。

(a) 禁止类标牌

(b) 提醒类标牌

(c) 允许类标牌

图 4.13　常用安全用电警示标牌

## 家庭安全用电

### 1. 照明开关必须接在火线上

如果将照明开关装设在零线上，虽然断开时电灯也不亮，但灯头的相线仍然是接通的，而人们以为灯不亮，就会错误地认为是处于断电状态。而实际上灯具上各点的对地电压仍是 220V 的危险电压。如果灯灭时人们触及这些实际上带电的部位，就会造成触电事故。所以各种照明开关或单相小容量用电设备的开关，只有串接在火线上，才能确保安全。

### 2．单相三孔插座的正确安装

通常，单相用电设备，特别是移动式用电设备，都应使用三芯插头和与之配套的三孔插座。三孔插座上有专用的保护接零（地）插孔，在采用接零保护时，有人常常仅在插座底内将此孔接线桩头与引入插座内的那根零线直接相连，这是极为危险的。因为万一电源的零线断开，或者电源的火（相）线、零线接反，其外壳等金属部分也将带上与电源相同的电压，这就会导致触电。

因此，接线时专用接地插孔应与专用的保护接地线相连。采用接零保护时，接零线应从电源端专门引来，而不应就近利用引入插座的零线。

### 3．塑料绝缘导线严禁直接埋在墙内

（1）塑料绝缘导线长时间使用后，塑料会老化龟裂，绝缘水平大大降低，当线路短时过载或短路时，更易加速绝缘的损坏。

（2）一旦墙体受潮，就会引起大面积漏电，危及人身安全。

（3）塑料绝缘导线直接暗埋，不利于线路检修和保养。

### 4．家庭安全用电措施

随着家用电器的普及应用，正确掌握安全用电知识，确保用电安全至关重要。

（1）不要购买"三无"的假冒伪劣家用产品。

（2）使用家电时应有完整可靠的电源线插头。对金属外壳的家用电器都要采用接地保护。

（3）不能在地线上和零线上装设开关和保险丝。禁止将接地线接到自来水、煤气管道上。

（4）不要用湿手接触带电设备，不要用湿布擦抹带电设备。

（5）不要私拉乱接电线，不要随便移动带电设备。

（6）检查和修理家用电器时，必须先断开电源。

（7）家用电器的电源线破损时，要立即更换或用绝缘布包扎好。

（8）家用电器或电线发生火灾时，应先断开电源再灭火。

### 5．漏电保护器的使用

漏电保护器又称漏电保护开关，是一种新型的电气安全装置，其主要用途是：

（1）防止由于电气设备和电气线路漏电引起的触电事故。

（2）防止用电过程中的单相触电事故。

（3）及时切断电气设备运行中的单相接地故障，防止因漏电引起的电气火灾事故。

（4）随着人们生活水平的提高，家用电器的不断增加，在用电过程中，由于电气设备本身的缺陷、使用不当和安全技术措施不利而造成的人身触电和火灾事故，给人民的生命和财产带来了不应有的损失，而漏电保护器的出现，对预防各类事故的发生，及时切断电

源,保护设备和人身安全,提供了可靠而有效的技术手段。

**练一练**

---
1. 请你检查寝室、教室存在哪些用电安全隐患,并写出安全用电建议。

2. 在生产中,不仅要有安全用电的技术措施,还要有安全用电的组织措施,也就是安全用电制度,针对寝室、实训室、家庭,请你分别拟定一份安全用电制度。

---

## 技能训练七 三相负载的星形联结

### 一、训练目标

1. 掌握三相负载星形联结的方法。
2. 理解和掌握星形联结时相电压和线电压、相电流和线电流之间的关系。
3. 了解三相四线制系统中性线的作用。

### 二、仪器、设备及元器件

1. 交流电压表(0~500V)、交流电流表(0~5A)、万用表各一只。
2. 三相自耦调压器、三相灯组负载(220V/15W 白炽灯 9 只)。
3. 插座三只和导线若干。

### 三、训练内容

1. 按图 4.14 连接成三相负载的星形联结电路。

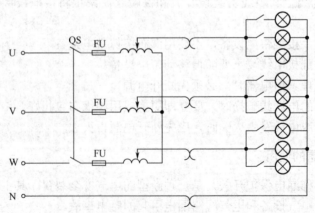

图 4.14 三相负载的星形联结

2. 将三相调压器的旋柄置于输出为 0V 的位置(即逆时针旋到底),经指导教师检查合格后,方可开启试验台电源,然后调节调压器输出三相线电压为 220V。

3. 分别测量负载对称时(每相三个白炽灯均接通)的三相负载的线电压、相电压、相电流、线电流、中线电流,将测量数据记入表 4.1 中。

4. 断开中性线,再测量线电压、相电压、相电流、线电流,将测量数据记入表 4.1 中。

5. 当三相负载不平衡时(如 U 相只接 1 个灯,V 相接两个灯,W 相接三个灯),再次测量线电压、相电压、相电流、线电流、中线电流、电源与负载中点间的电压,将测量数据记入表 4.1 中。

6. 断开中性线,再测量线电压、相电压、相电流、线电流,将测量数据记入表 4.1 中。

表 4.1 负载星形联结的测量数据

| 负载情况 | 中性线 | 线电压(V) | | | 相电压(V) | | | 线电流(A) | | | 中线电流(A) |
|---|---|---|---|---|---|---|---|---|---|---|---|
| 对称 | 有 | | | | | | | | | | |
| | 无 | | | | | | | | | | |
| 不对称 | 有 | | | | | | | | | | |
| | 无 | | | | | | | | | | |

## 四、考核评价

学生技能训练的考核评价如表 4.2 所示。

表 4.2 技能训练七考核评价表

| 考核项目 | 评分标准 | 配分 | 扣分 | 得分 |
|---|---|---|---|---|
| 电路连接 | 电路连接准确可靠 | 15 | | |
| 电压测量 | 量程选择正确 | 10 | | |
| | 读数准确 | 20 | | |
| | 结论正确 | 10 | | |
| 电流测量 | 量程选择正确 | 10 | | |
| | 读数准确 | 15 | | |
| | 结论正确 | 10 | | |
| 安全文明操作 | 有不文明操作行为,或违规、违纪出现安全事故,工作台上脏乱,酌情扣 3~10 分 | 10 | | |
| 合计 | | 100 | | |

# 技能训练八 三相负载的三角形联结

## 一、训练目标

1. 掌握三相负载三角形联结的方法。
2. 理解和掌握三角形联结时相电压和线电压、相电流和线电流之间的关系。

## 二、仪器、设备及元器件

1. 交流电压表(0~500V)、交流电流表(0~5A)、万用表各一只。

2．三相自耦调压器、三相灯组负载（220V/15W 白炽灯 9 只）。

3．插座三只和导线若干。

### 三、训练内容

1．按图 4.15 连接三相负载三角形联结实验线路。

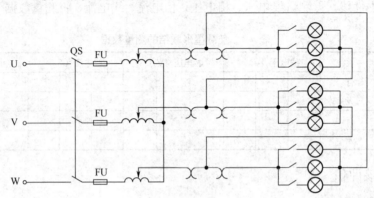

图 4.15　三相负载的三角形联结

2．将三相调压器的旋柄置于输出为 0V 的位置（即逆时针旋到底），经指导教师检查合格后，方可开启试验台电源，然后调节调压器输出三相线电压为 220V。

3．负载对称时（每相三个白炽灯均接通），分别测量三相负载的线电压、相电压、相电流、线电流，将测量数据记入表 4.3 中。

4．当三相负载不平衡时（如 U 相只接 1 个灯，V 相接两个灯，W 相接三个灯），再次测量线电压、相电压、相电流、线电流。将测量数据记入表 4.3 中。

表 4.3　负载星形联结测量数据

| 负载情况 | 线电压(V)=相电压（A） | 相电流（A） | 线电流（A） |
| --- | --- | --- | --- |
| 三相对称 | | | |
| 不对称 | | | |

### 四、考核评价

学生技能训练的考核评价如表 4.4 所示。

表 4.4　技能训练八考核评价表

| 考核项目 | 评分标准 | 配分 | 扣分 | 得分 |
| --- | --- | --- | --- | --- |
| 电路连接 | 电路连接准确可靠 | 15 | | |
| 电压测量 | 量程选择正确 | 10 | | |
| | 读数准确 | 10 | | |
| | 结论正确 | 10 | | |
| 电流测量 | 量程选择正确 | 10 | | |
| | 读数准确 | 25 | | |
| | 结论正确 | 10 | | |

续表

| 考核项目 | 评分标准 | 配分 | 扣分 | 得分 |
|---|---|---|---|---|
| 安全文明操作 | 有不文明操作行为,或违规、违纪出现安全事故,工作台上脏乱,酌情扣3~10分 | 10 | | |
| 合计 | | 100 | | |

# 巩固练习四

## 一、填空题

1. 三相对称电压的特点是_____相同、_____相同、相位上互差_____电角度。

2. 对称三相负载作Y形联结,接在380V的三相四线制电源上。此时负载端的相电压等于_____倍的线电压;相电流等于_____倍的线电流;中线电流等于_____。

3. 在三相四线制的照明电路中,相电压是220 V,线电压是_____V。

4. 在三相四线制电源中,线电压等于相电压的_____倍,相位比相电压超前_____电角度。

5. 三相四线制电源中,线电流与相电流_____。

6. 三相对称负载三角形电路中,线电压与相电压_____。

7. 在三相对称负载三角形连接的电路中,线电压为220V,每相电阻均为110Ω,则相电流 $I_P$=_____A,线电流 $I_L$=_____A。

8. 当三相对称负载的额定电压等于三相电源的线电压时,应将负载接成_____联结。

9. 当三相对称负载的额定电压等于三相电源的相电压时,应将负载接成_____联结。

10. 在三相不对称负载电路中,中线能保证负载的_____等于电源的_____。

11. 三相交流电路中,只要负载对称,无论作何联结,其有功功率计算公式为_____。

## 二、单项选择题

1. 下列结论中错误的是_____。
   A. 当负载作Y形联结时,必须有中线
   B. 当三相负载越接近对称时,中线电流就越小
   C. 当负载作Y形联结时,线电流必等于相电流

2. 下列结论中错误的是_____。
   A. 当负载作△形联结时,线电流为相电流的$\sqrt{3}$倍
   B. 当三相负载越接近对称时,中线电流就越小
   C. 当负载作Y形联结时,线电流必等于相电流

3. 下列结论中正确的是_____。
   A. 当三相负载越接近对称时,中线电流就越小
   B. 当负载作△形联结时,线电流为相电流的$\sqrt{3}$倍
   C. 当负载作Y形联结时,必须有中线

4. 下列结论中正确的是_____。
   A. 当负载作 Y 形联结时，线电流必等于相电流
   B. 当负载作△形联结时，线电流为相电流的 $\sqrt{3}$ 倍
   C. 当负载作 Y 形联结时，必须有中线
5. 若要求三相负载中各相电压均为电源相电压，则负载应接成_____。
   A. 星形有中线
   B. 星形无中线
   C. 三角形联结
6. 若要求三相负载中各相电压均为电源线电压，则负载应接成_____。
   A. 星形有中线
   B. 星形无中线
   C. 三角形联结
7. 对称三相交流电路，三相负载为△形联结，当电源线电压不变时，三相负载换为 Y 联结，三相负载的相电流应_____。
   A. 减小     B. 增大     C. 不变
8. 对称三相交流电路，三相负载为 Y 形联结，当电源电压不变而负载换为△形联结时，三相负载的相电流应_____。
   A. 减小     B. 增大     C. 不变
9. 已知三相电源线电压 $U_L=380V$，三角形联结对称负载阻抗值 $|Z|=10\Omega$。则线电流 $I_L$ 为_____。
   A. $38\sqrt{3}$ A     B. $22\sqrt{3}$ A     C. 38 A     D. 22 A
10. 对称三相交流电路中，三相负载为△形联结，当电源电压不变，而负载变为 Y 形联结时，对称三相负载所吸收的功率_____。
    A. 减小     B. 增大     C. 不变
11. 对称三相交流电路中，三相负载为 Y 形联结，当电源电压不变，而负载变为△形联结时，对称三相负载所吸收的功率_____。
    A. 增大     B. 减小     C. 不变
12. 在三相四线制供电线路中，三相负责越接近对称负载，中线上的电流_____。
    A. 越小     B. 越大     C. 不变
13. 三相四线制电源能输出_____种电压。
    A. 1     B. 2     C. 3
14. 三相负载对称星形联结时_____。
    A. $I_L = I_P$，$U_L = \sqrt{3}U_P$
    B. $I_L = \sqrt{3}I_P$，$U_L = U_P$
    C. 都不正确
15. 三相对称负载作三角形联结时 _____。
    A. $I_L = \sqrt{3}I_P$，$U_L = U_P$
    B. $I_L = I_P$，$U_L = \sqrt{3}U_P$
    C. 不一定

### 三、分析与计算题

1. 现要做一个 15kW 的电阻加热炉，用三角形联结，电源线电压为 380V，问每相的电阻值为多少？如果改用星形接法，每相电阻值又为多少？

2. 已知星形联结的对称三相负载，每相阻抗为 10Ω；对称三相电源的线电压为 380V。求负载相电流大小。

3. 用阻值为 10Ω 的三根电阻丝组成三相电炉，接在线电压为 380V 的三相电源上，电阻丝的额定电流为 25A，应如何连接？说明理由。

# 学习总结

### 1．三相交流电的产生

三相交流电由三相交流发电机产生。三相交流电压的一般表达式为

$$u_U = \sqrt{2}U_P \sin(\omega t)$$
$$u_V = \sqrt{2}U_P \sin(\omega t - 120°)$$
$$u_W = \sqrt{2}U_P \sin(\omega t + 120°)$$

三相交流电压的频率相同、幅值相等、相位依次相差 120°，故称为三相对称电压。

### 2．三相交流电源的连接

三相电源通常采用星形联结，一种是三相三线制，无中线，提供线电压。另一种是三相四线制，有中线，可提供相电压和线电压两种电压。相电压和线电压有效值之间的关系为

$$U_L = \sqrt{3}U_P$$

### 3．三相负载的连接

星形联结：对称三相负载接成星形时，因中线电流为零，供电电路可采用三相三线制；不对称三相负载接成星形时，供电电路必须采用三相四线制。

三相负载星形联结时，有

$$U_L = \sqrt{3}U_P$$
$$I_L = I_P$$

三角形联结：三相负载接成三角形时，供电电路只能是三相四线制。对于对称三相负载接成三角形联结时，有

$$U_P = U_L$$
$$I_L = \sqrt{3}I_P$$

### 4．三相电路的功率

对于对称三相负载，有

$$P = \sqrt{3}I_L U_L \cos\varphi$$

$$Q = \sqrt{3}I_L U_L \sin\varphi$$
$$S = \sqrt{3}I_L U_L$$

### 5．安全用电

触电伤害主要有电击和电伤两种。触电有单相触电、两相触电和跨步电压触电三种形式。若发生有人触电，要使触电者迅速脱离电源，并进行现场急救，并及时拨打电话呼叫救护车，尽快送医院抢救。

## 自我评价

学生通过项目三的学习，按表4.5所示内容，实现学习过程的自我评价。

表4.5　项目四自评表

| 序号 | 自评项目 | 自评标准 | 项目配分 | 项目得分 | 自评成绩 |
|---|---|---|---|---|---|
| 1 | 认识三相交流电 | 动力电与照明电 | 2 | | |
| | | 三相对称电压 | 6 | | |
| | | 相序 | 4 | | |
| 2 | 学习三相电源的连接 | 三相电源星形联结 | 4 | | |
| | | 三相电源三角形联结 | 2 | | |
| | | 三相四线制和三相三线制 | 4 | | |
| | | 线电压与相电压及其关系 | 6 | | |
| 3 | 学习三相负载的连接 | 单相负载与三相负载 | 2 | | |
| | | 三相负载星形联结 | 4 | | |
| | | Y形联结时相电压与线电压的关系 | 6 | | |
| | | 对称三相负载Y形联结时相电流与线电流的关系 | 6 | | |
| | | 中线电流 | 2 | | |
| | | 中线作用 | 4 | | |
| | | 三相负载的三角形联结 | 4 | | |
| | | △形联结时相电压与线电压的关系 | 6 | | |
| | | 对称三相负载△形联结时相电流与线电流的关系 | 6 | | |
| 4 | 计算三相电路的功率 | 三相电路的有功功率 | 6 | | |
| | | 三相电路的无功功率 | 4 | | |
| | | 三相电路的视在功率 | 4 | | |
| 5 | 学会安全用电 | 触电伤害 | 2 | | |
| | | 触电方式 | 2 | | |
| | | 生活中安全用电常识 | 4 | | |
| | | 预防常见用电事故 | 2 | | |
| | | 应急处置触电事故 | 4 | | |
| | | 触电救护措施 | 4 | | |
| 能力缺失 | | | | | |
| 弥补措施 | | | | | |

# 项目五

# 变压器

 学习指南

**项目描述：**

电磁感应现象和变压器在人们生产和生活中有着广泛的应用。本项目首先介绍描述磁场的基本物理量——磁感应强度和磁通；然后介绍电磁感应现象和法拉第电磁感应定律及其应用；最后介绍变压器的结构和工作原理。

**学习目标：**

| 学习任务 | 知识目标 | 基本技能 |
| --- | --- | --- |
| 认识磁场 | ① 掌握磁感应强度的定义和磁通量的定义；<br>② 掌握磁感应强度的定义式的应用；<br>③ 掌握磁通量的计算公式 | ① 会计算磁感应强度和磁通 |
| 探究电磁感应现象和电磁感应规律 | ① 掌握产生感应电流的条件；<br>② 掌握右手定则；<br>③ 掌握法拉第电磁感应定律内容和应用 | ① 会用右手定则判断感应电流方向；<br>② 会计算感应电动势的大小 |
| 认识变压器的结构 | ① 了解变压器的分类；<br>② 掌握变压器的结构；<br>③ 掌握变压器使用注意事项 | ① 会正确使用变压器 |
| 探究变压器的基本原理 | ① 掌握变压器变压原理；<br>② 掌握变压器变流原理；<br>③ 掌握变压器的阻抗变换原理 | ① 会用变压器的变压、变流原理计算变压器参数 |
| 认识变压器的技术参数 | ① 熟悉变压器外特性；<br>② 理解变压器损耗；<br>③ 掌握变压器额定值 | ① 会识读变压器的技术参数 |

# 任务二十五　认识磁场

初中物理中我们学习了有关磁体和磁场的基本知识,知道物体具有吸引铁、镍、钴的性质叫磁性,具有磁性的物体叫磁体,磁体上磁性最强的地方叫磁极,同名磁极互相排斥,异名磁极互相吸引,磁体之间的相互作用是通过磁场发生的,磁场可以用磁力线来描述。

## 一、电流的磁效应

通电导体的周围存在磁场,这种现象叫**电流的磁效应**。

磁场的强弱与通电导体的电流大小有关,磁场方向决定于电流的方向,可以用右手螺旋定则来判断。

### 1. 通电长直导线的磁场

**通电直导线的磁场用右手螺旋定则来判断**:右手握住导线并把拇指伸开,用拇指指向电流方向,那么四指环绕的方向就是磁场方向(磁力线方向),如图 5.1 所示。

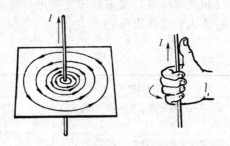

图 5.1　通电长直导线的磁场方向

### 2. 通电螺线管的磁场

如果将通电直导线绕成螺线管,**通电螺线管的磁场方向可以用右手螺旋法则来判定**:右手握住螺线管并把拇指伸开,弯曲的四指指向电流方向,拇指所指方向就是磁场北极的方向,如图 5.2 所示。

图 5.2　通电螺线管的磁场方向

## 二、磁感应强度和磁通

磁力线可以形象直观地来描述磁场,但只能定性分析。要定量描述磁场,需要引入磁感应强度和磁通这两个物理量。

### 1. 磁感应强度

观察如图 5.3 所示的实验。图中蹄形磁铁产生竖直向下的匀强磁场，通电导线 ab 处于磁场中，受到磁场力的作用。实验表明，当通电直导线在匀强磁场中与磁场方向垂直时，受到的磁场力与通过它的电流成正比；与导线长度也成正比。对于磁场中某处来说，通电导线在该处受的磁场力 $F$ 与导体中电流强度 $I$ 和导线长度 $L$ 乘积的比值是一个恒量，它与电流强度和导线长度的大小均无关。在磁场中不同位置，这个比值可能各不相同，因此，这个比值反映了磁场的强弱，由磁场本身的性质决定。

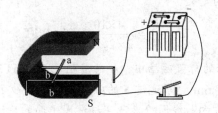

图 5.3 通电导体在磁场中受力

对于磁场中某一确定的点，$B$ 是一个常数，称为**磁感应强度**。用数学表达式表示为

$$B = \frac{F}{IL} \tag{5.1}$$

式中　$F$——与磁场垂直的通电导体受到的磁场力，单位是 N（牛顿）；

　　　$L$——通电导体在磁场中的有效长度，单位是 m（米）；

　　　$I$——导体中的电流，单位是 A（安培）；

　　　$B$——导体所在处的磁感应强度，单位是 T（特斯拉）。

由（5.1）式可以看出，磁感应强度既表征了某点磁场的强弱，又反映了该点的磁场方向，所以磁感应强度是矢量。

如果磁场中各点的磁感应强度 $B$ 的大小和方向完全相同，这种磁场叫做匀强磁场。其磁感线是平行且等间距的直线。密绕螺线管中的磁场可看做是匀强磁场。顺便说明，一般的永磁体磁极附近的磁感应强度是 0.1T～0.5T 左右，地球表面的地磁场的磁感应强度大约为 $5.0 \times 10^{-5}$T。

### 2. 磁通

磁感应强度 $B$ 仅仅反映了磁场中某一点的性质。在解决实际问题时，往往要考虑某一个面的磁场情况，为此，引入一个新的物理量——磁通，用字母 $\Phi$ 表示。磁感应强度 $B$ 和与其垂直的某一截面 $S$ 的乘积，叫通过该面积的**磁通**。

在匀强磁场中，磁感应强度 $B$ 是一个常数，**磁通的计算公式**为

$$\Phi = BS \tag{5.2}$$

式中　$B$——匀强磁场的磁感应强度，单位是 T（特斯拉）；

　　　$S$——与 $B$ 垂直的某一截面面积，单位是 $m^2$（平方米）；

　　　$\Phi$——通过该截面的磁通，单位是 Wb（韦伯）。

由（5.2）式可得

$$B = \frac{\Phi}{S}$$

这说明在匀强磁场中，磁感应强度就是与磁场垂直的单位面积上的磁通。所以，磁感应强度又叫做**磁通密度**，简称磁密。

**例 5.1**  匀强磁场中长 2cm 的通电导线垂直磁场方向，当通过导线的电流为 2A 时，它受到的磁场力大小为 $4 \times 10^{-3}$N，问：该处的磁感应强度 $B$ 是多大？

**解**：根据磁感应强度的定义

$$B = \frac{F}{IL} = \frac{4 \times 10^{-3}}{2 \times 2 \times 10^{-2}} \text{T} = 0.1\text{T}$$

**例 5.2**  如图 5.3 所示的匀强磁场中，磁感应强度 $B=0.5$T，在垂直于磁场方向放置一矩形线圈，线圈的面积 $S=0.6\text{m}^2$。求通过 $S$ 的磁通量 $\Phi$ 是多少？

**解**：由于磁感应强度方向与线圈垂直，穿过线圈平面的磁通为

$$\Phi = BS = 0.5 \times 0.6 \text{Wb} = 0.03 \text{Wb}$$

### 特别提示

按照磁感应强度的定义，检验某处有无磁场存在，采用把通电导线放在被检验处，若通电导线受磁场力作用，则该处有磁场存在；若通电导线不受磁场力作用，则该处"不一定"没有磁场。原因是当通电导线平行磁场时，即使该处有磁场，导线也不受磁场力作用。再次强调应用磁感应强度定义式时要求：通电直导线必须垂直磁场方向。

想一想

## 磁路

生活中常见磁性物体如图 5.4 所示，这些形状各异的磁体它们都构成了自己的磁路。磁路就是磁场或磁通通过的路径。由于铁芯的磁导率比周围空气的磁导率大得多，为了使较小的励磁电流产生足够大的磁通，在电机、变压器及各种铁磁元件中用高磁导率的磁性材料做成一定形状的铁芯，使绝大部分磁场经过铁芯形成闭合通路，这种人为把磁场局限在一定范围内形成的磁通的路径就是磁路。

  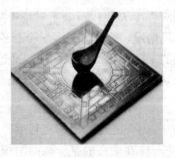

（a）各种磁性材料　　　　　　　　　　（b）中国古代指南针——司南

图 5.4  生活中的磁性物体

项目五 变压器

（c）矩形磁铁

（d）螺线管

图 5.4　生活中的磁性物体（续）

练一练

一、填空题

1．通电长直导线的磁场方向判断方法是_____
_____。

2．通电螺线管的磁场方向判断方法是_____
_____。

3．磁通公式 $\Phi=BS$ 成立的条件是_____；式中 $B$ 的单位是
_____；磁通 $\Phi$ 的单位是_____。

二、选择题

1．关于磁通量的说法正确的是_____。
　　A．磁通量是反映磁场强弱和方向的物理量
　　B．某一面积上的磁通量可表示穿过此面积的磁感线的总条数
　　C．在磁场中所取的面积越大，该面上磁通量一定越大
　　D．穿过任何封闭曲面的磁通量一定为零

2．下列有关磁感应强度及安培力的说法正确的有_____。
　　A．若某处的磁感应强度为零，则通电导线放在该处所受安培力一定为零
　　B．通电导线放在磁场中某处不受安培力的作用时，则该处的磁感应强度一定为零
　　C．同一条通电导线放在磁场中某处所受的安培力是一定的
　　D．磁场中某点的磁感应强度与该点是否放通电导线无关

3．如图 5.5 所示电路中通有电流，如果在图中的 a、b、c 三个位置上各放一个小磁针，其中 a 在螺线管内部，则_____。

　　A．放在 a 处的小磁针的 N 极向左
　　B．放在 b 处的小磁针的 N 极向右
　　C．放在 c 处的小磁针的 S 极向右
　　D．放在 a 处的小磁针的 N 极向右

图 5.5

4．长 10cm 的导线，放入匀强磁场中，它的方向和磁场方向垂直，导线中的电流强度是 3.0A，受到的磁场力是 $1.5\times10^{-3}$N，则该处的磁感应强度 $B$ 大小为_____。
　　A．$5.0\times10^{-3}$T　　B．$5.0\times10^{-2}$T　　C．$5.0\times10^{-1}$T　　D．5.0T

## 任务二十六　探究电磁感应定律

### 一、电磁感应现象

1820年，丹麦物理学家奥斯特发现了电流的磁效应，揭示了电和磁之间的联系，受这一发现的启发，人们开始考虑这样一个问题：既然"电能生磁"，那"磁能不能生电"呢？从1820年起，许多著名的科学家都在寻找"磁生电"。直到1831年英国物理学家法拉第采用电磁感应的方法实现了"磁生电"的夙愿，宣告了电气化时代的到来。

在如图5.6（a）所示的匀强磁场中，放置一根导线AB，导线两端分别与灵敏电流计的两个接线柱相连，形成闭合回路。当导线AB在磁场中做切割磁力线运动时，电流计发生偏转，表明闭合回路中有电流流过。当导线平行于磁力线方向运动时，电流计指针不动，表明回路中没有电流流过。

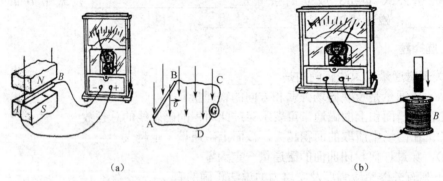

图5.6　电磁感应实验

像这样利用磁场产生电流的现象叫做**电磁感应现象**，产生的电流叫做**感应电流**。于是，可以得出结论：闭合回路的一部分导体在磁场中作切割磁力线运动时，回路中产生感应电流。

感应电流的方向用**右手定则**来判定。伸开右手，使大拇指和四指在同一平面内并且拇指与其余四指垂直，让磁力线从掌心穿入，拇指指向导体运动方向，四指所指的方向是感应电流的方向。右手定则在感应电流方向、磁场方向、导体运动方向中已知任意两者的方向情况下用来判断第三者的方向。

在如图5.6（b）所示的实验中，将螺线管的两个接头分别和灵敏电流计的两个接线柱相连，形成闭合回路。如果将条形磁铁插入线圈（或从线圈中拔出），使穿过线圈回路的磁通量发生变化，电流计指针会发生偏转，表明线圈回路有感应电流产生，如果磁体在线圈中不动，即穿过线圈回路的磁通不变，电流计指针不会偏转，表明回路中没有电流。

因此，可以得出结论：只要穿过闭合回路的磁通发生变化，回路中就有感应电流产生。

上述的两个结论，分别阐述了产生感应电流的两种不同的条件，实质上是从不同的角度观察同一个问题。进一步研究可以得出两种说法的本质是相同的。

## 二、电磁感应定律

### 1. 感应电动势

由前面学习的直流电路知识知道，如果闭合回路中有持续的电流，那么该回路中必定有电动势存在。因此电磁感应现象中，闭合回路中有感应电流产生，这个回路中必定有感应电动势存在。由电磁感应产生的电动势叫做**感应电动势**。

电磁感应现象发生时，作切割磁力线运动的那部分导体就是一个电源。

在探究电磁感应现象时，确定感应电动势比确定感应电流的意义更重要。首先，电动势是电源本身的特性，与外电路状态无关。不论电路是否闭合，只要有电磁感应现象发生，就会产生感应电动势，而感应电流只有当回路闭合时才有，开路时则不能产生。其次，感应电流的大小是随着电阻的变化而变化的，而感应电动势的大小与电阻无关。

因此，感应电动势比感应电流更能反映电磁现象的本质。

### 2. 法拉第电磁感应定律

为了进一步探究电路中感应电动势的大小，跟穿过这一电路的磁通量的变化关系，继续观察图 5.6（b）所示实验。

实验表明，当将条形磁铁迅速插入线圈时，观察到灵敏电流计指针偏转角度大，说明回路中感应电流大，感应电动势大；当将条形磁铁慢慢插入时，灵敏电流计指针偏转角度小，说明回路中感应电流小，感应电动势小。

进一步实验表明，当换用磁感应强度强的磁铁，迅速插入，观察到电流计指针偏转角度更大，说明回路中电流更大，电动势更大。

以上现象说明感应电动势的大小由磁通量变化量 $\Delta\Phi$ 的大小和变化的时间 $\Delta t$ 决定，即由磁通量的变化率 $\dfrac{\Delta\Phi}{\Delta t}$ 决定。

由此可得出结论：电路中感应电动势的大小，跟穿过这一电路磁通量的变化率成正比，这就是**法拉第电磁感应定律**。对于单匝线圈，**感应电动势**为

$$E = \frac{\Delta\Phi}{\Delta t} \tag{5.3}$$

式中　$E$——导体中的感应电动势，单位是 V（伏）；

$\Delta\Phi$——穿过回路磁通的变化量，单位是 Wb（韦伯）；

$\Delta t$——发生磁通变化的时间，单位是 s（秒）。

对于 $N$ 匝线圈，且穿过每匝线圈的磁通相同，感应电动势为

$$E = N\frac{\Delta\Phi}{\Delta t} \tag{5.4}$$

### 3. 导线切割磁感线时的感应电动势

如图 5.7 所示电路，闭合电路一部分导体 ab 处于匀强磁场中，磁感应强度为 $B$，ab 的长度为 $L$，以速度 $v$ 匀速切割磁感线，推导出导体中的感应电动势的公式。

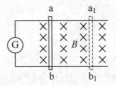

图 5.7

设在 $\Delta t$ 时间内导体棒由原来的位置运动到 $a_1b_1$，这时线框面积的变化量为 $\Delta S = Lv\Delta t$，穿过闭合电路磁通量的变化量为 $\Delta \Phi = B\Delta S = BLv\Delta t$。

根据法拉第电磁感应定律，得到**导线切割磁力线时的感应电动势**计算公式

$$E = \frac{\Delta \Phi}{\Delta t} = BLv \tag{5.5}$$

式中，$v$ 为瞬时值时求出的电动势为瞬时电动势，$v$ 为平均值时求出的电动势为平均电动势。

**例 5.3** 一个匝数为 100、面积为 $10 \text{cm}^2$ 的线圈垂直磁场放置，在 0.5s 内穿过它的磁场从 1T 增加到 9T。求线圈中的感应电动势。

**解**：根据法拉第电磁感应定律

$$E = N\frac{\Delta \Phi}{\Delta t}$$

因 $\Delta \Phi = S\Delta B$，故有

$$E = N\frac{S\Delta B}{\Delta t}$$

代入数据有

$$E = 100 \times \frac{1 \times 10^{-3} \times 8}{0.5} \text{V} = 4\text{V}$$

**例 5.4** 如图 5.8 所示，匀强磁场的磁感应强度为 $B$，方向垂直纸面向里，长 $L$ 的电阻 $R$ 的裸电阻丝 cd 在宽 $L$ 的平行金属轨道上向右滑行，速度为 $V$。已知 $R_1=R_2=R$，其余电阻忽略不计，求电键 K 闭合与断开时，$M$、$N$ 两点的电压 $U_{MN}$。

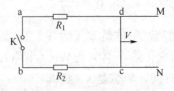

图 5.8 例 5.8 图

**解**：cd 在磁场中做切割磁感线的运动，这部分导体是电源，电键 K 断开时，电路 abcd 不闭合，只有感应电动势，而没有感应电流，N、c、b 为等势点，M、a、d 为等势点，$U_{MN}=U_{dc}=E$；

电键 K 闭合时，电路中有感应电流，此时 $U_{MN}=U_{dc}$ 为路端电压。

由法拉第电磁感应定律有 $E=BLv$，当 K 断开时，M、N 两点的电压 $U_{MN}$ 为

$$U_{MN}=U_{dc}=E=BLV$$

当 K 闭合时，M、N 两点的电压 $U_{MN}$ 为

$$U_{MN}=U_{dc}=E-IR$$

即

$$U_{MN}=E-\frac{E}{3R}\times R=\frac{2}{3}E=\frac{2}{3}BLV$$

 特别提示

磁通量 $\Phi$ 表示穿过回路的磁力线的条数，与电磁感应无直接关系；磁通的变化量 $\Delta\Phi$ 表示穿过回路磁通的变化情况，是产生感应电动势的必备条件；磁通的变化率 $\Delta\Phi/\Delta t$ 表示穿过回路的磁通量变化的快慢，决定感应电动势的大小。

想一想

### 法拉第圆盘发电机

法拉第发现了电磁感应现象之后不久，他又利用电磁感应发明了世界上第一台发电机——如图 5.9 所示法拉第圆盘发电机。这台发电机构造跟现代的发电机不同，在磁场中转动的不是线圈，而是一个紫铜做的圆盘。圆心处固定一个摇柄，圆盘的边缘和圆心处各与一个黄铜电刷紧贴，用导线把电刷与电流表连接起来；紫铜圆盘放置在蹄形磁铁的磁场中。当法拉第转动摇柄，使紫铜圆盘旋转起来时，电流表的指针偏向一边，这说明电路中产生了持续的电流。

法拉第圆盘发电机是怎样产生电流的呢？我们可以把圆盘看作是由无数根长度等于半径的紫铜辐条组成的，在转动圆盘时，每根辐条都做切割磁力线的运动。辐条和外电路中的电流表恰好构成闭合电路，电路中便有电流产生了。随着圆盘的不断旋转，总有某根辐条到达切割磁感线的位置，因此外电路中便有了持续不断的电流。

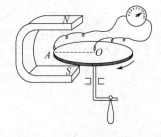

图 5.9 法拉第圆盘发电机

法拉第圆盘发电机虽然简单，但这是世界上第一台发电机，是它首先向人类揭开了机械能转化为电能的序幕。后来，人们在此基础上，将蹄形永久磁铁改为能产生强大磁场的电磁铁，用多股导线绕制的线框代替紫铜圆盘，电刷也进行了改进，就制成了功率较大的可供实用的发电机。

 练一练

一、填空题

1. 无论电路是否闭合，只要穿过电路的_____发生变化，电路中就一定有_____，

若电路是闭合的就有_____。产生感应电动势的那部分导体就相当于一个_____。

2. 法拉第电磁感应定律文字表述：_____。表达式为_____。式中 N 表示_____，ΔΦ 表示_____，Δt 表示_____，$\frac{\Delta \Phi}{\Delta t}$ 表示_____。

3. 闭合电路的一部分导体做切割磁感线运动，则导体中的感应电动势为_____，式中的 L 是_____。v 若是平均速度，则 E 为_____；若 v 为瞬时速度，则 E 为_____。若导体的运动不切割磁感线，则导体中_____感应电动势。

二、选择题

1. 如果闭合电路中的感应电动势很大，那一定是因为_____。
   A. 穿过闭合电路的磁通量很大
   B. 穿过闭合电路的磁通量变化很大
   C. 穿过闭合电路的磁通量的变化很快
   D. 闭合电路的电阻很小

2. 穿过一个单匝线圈的磁通量始终保持每秒均匀地减少 2Wb，则_____。
   A. 线圈中感应电动势每秒增加 2V
   B. 线圈中感应电动势每秒减少 2V
   C. 线圈中无感应电动势
   D. 线圈中感应电动势大小不变

3. 下列说法正确的是_____。
   A. 线圈中磁通量变化越大，线圈中产生的感应电动势一定越大
   B. 线圈中的磁通量越小，线圈中产生的感应电动势一定越小
   C. 线圈处在磁场越强的位置，线圈中产生的感应电动势一定越大
   D. 线圈中磁通量变化得越快，线圈中产生的感应电动势越大

# 任务二十七　认识变压器

## 学一学

### 一、变压器的作用

变压器是利用电磁感应原理传输电能或电信号的器件，它**具有变压、变流和变阻抗的作用**。变压器的种类很多，应用十分广泛。比如在电力系统中用电力变压器把发电机发出的电压升高后进行远距离输电，到达目的地后再用变压器把电压降低以便用户使用，以此减少传输过程中电能的损耗；在电子设备和仪器中常用小功率电源变压器改变市电电压，再通过整流和滤波，得到电路所需要的直流电压；在放大电路中用耦合变压器传递信号或进行阻抗的匹配等。变压器虽然大小悬殊，用途各异，但其基本结构却是相同的。

## 二、变压器分类

变压器的种类很多，如图 5.10 所示。不同类型的变压器性能、结构有很大的差异。一般**变压器可按用途、结构、相数分类**。变压器按用途大致分为用于输配电系统的电力变压器；用于电子设备的电源变压器；用于实验室的自耦变压器；用于测量电压的电压互感器；用于测量电流的电流互感器。变压器按结构分为双绕组变压器、三绕组变压器、自耦变压器；按铁芯的结构分为芯式变压器和壳式变压器。变压器按相数分为单相变压器、三相变压器。

(a) 电力变压器　　　　　　　(b) 电源变压器

图 5.10　变压器

## 三、变压器的基本结构

变压器主要由闭合的**铁芯、绕组和冷却系统**三部分组成。

**铁芯**是变压器的磁路部分，为了提高磁路的导磁能力，减小涡流和磁滞损耗，铁芯通常采用高磁导率、厚度为 0.35～0.5mm、两面涂有绝缘漆的硅钢片叠成。变压器的铁芯一般分为芯式和壳式两种。芯式铁芯是把绕组分装在两个铁芯柱上，如图 5.11 (a) 所示，结构简单，用铁量较少，散热条件较好，适用于容量大、电压高的变压器。壳式铁芯是把绕组装在同一个铁芯上，绕组呈上下缠绕或里外缠绕，如图 5.11 (b) 所示，机械强度好，但制造工艺复杂，且外层绕组需用的铜线较多，适用于小型特殊变压器。

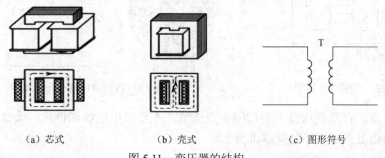

(a) 芯式　　　　　　(b) 壳式　　　　　　(c) 图形符号

图 5.11　变压器的结构

**绕组**是变压器的电路部分，它是由绝缘良好铜或铝的漆包线、纱包线或丝包线绕制而成。变压器一般有两个或两个以上的绕组。与电源相连的绕组称为**一次绕组**（又称初级绕组、原绕组）；与负载相连的绕组称为**二次绕组**（又称次级绕组、副绕组）。

变压器在工作时铁芯和绕组都会发热，小容量变压器采用自冷式，即将其放置在空气中自然冷却；中容量电力变压器采用油冷式，即将其放置在有散热管（片）的油箱中；大容量变压器还要用油泵使冷却液在油箱与散热管（片）中作强制循环。

变压器的图形符号如图 5.11（c）所示。

  **特别提示**

运行中的变压器一定要注意以下几点：

1．防止变压器过载运行。如果长期过载运行，会引起线圈发热，使绝缘逐渐老化，造成匝间短路、相间短路或对地短路。

2．保证导线接触良好。线圈内部接头接触不良；线圈之间的连接点，引至高、低压侧套管的接点，以及分接开关上各支点接触不良，会产生局部过热，破坏绝缘，发生短路或断路。此时所产生的高温电弧会使绝缘油分解，产生大量气体，引起爆炸。

3．防止超温。变压器运行时应监视温度的变化。变压器运行时，一定要保持良好的通风和冷却，必要时可采取强制通风，以达到降低变压器温升的目的。

**想一想**

## 自耦变压器

自耦变压器广泛应用于生产和实验室中，它的结构原理如图 5.12 所示。自耦变压器只有一个绕组，原、副边不仅有磁的耦合，还存在着电的直接联系，这是自耦变压器"自耦"名称的由来，也是它区别于普通变压器之处。

自耦调压器的外形结构和原理电路如图 5.13 所示，绕组中间抽头滑动接触，输出可连续调节电压。为方便调节，铁芯冲成圆环形，绕组均匀绕在上面，调节手柄移动触头在绕组上滑动，实现输出电压调节。

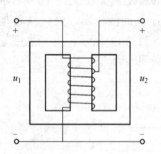

图 5.12　自耦变压器的结构

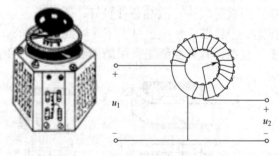

图 5.13　自耦调压器外形与结构

应当注意，自耦变压器不得作隔离变压器，不得带电接线和拆线，人体不得随意接触一、二次绕组及相连电路的裸露部分。

 **练一练**

1．变压器的基本构造是相同的，主要由_____ 和_____。

2．_____是变压器的磁路部分，_____是变压器的电路部分。

3. 变压器工作时与电源相连的绕组叫_____，与负载相连的绕组叫_____。变压器的绕组必须有良好的_____。

## 任务二十八　探究变压器的基本原理

### 学一学

变压器铁芯具有很强的导磁性能，它能把绝大部分磁通约束在铁芯组成的闭合路径中。在分析原理时主要考虑主磁通。

#### 一、变压器的电压变换关系

**变压器的空载运行**是指一次绕组接电源、二次绕组开路的状态，如图 5.14 所示。图中，$N_1$、$N_2$ 分别为一次绕组、二次绕组匝数。

当变压器的输入端加上交流电压 $u_1$ 后，一次绕组中便产生交流电流 $i_0$ 和交变磁通 $\Phi$，其频率与电源电压的频率相同。由于一次、二次绕组套在同一铁芯上，主磁通 $\Phi$ 同时穿过一、二次绕组，根据电磁感应定律，在一次绕组中产生感应电动势 $e_1$，在二次绕组中产生感应电动势 $e_2$。在二次绕组中有了电动势 $e_2$，便在输出端形成电压 $u_2$。

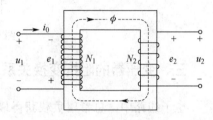

图 5.14　变压器的空载运行

理论和实验证明，在忽略各种损耗的情况下，变压器的一次绕组两端电压有效值 $U_1$ 与二次绕组两端电压有效值 $U_2$ 之比等于一次绕组匝数 $N_1$ 与二次绕组匝数 $N_2$ 之比，即

$$\frac{U_1}{U_2} = \frac{N_1}{N_2} = K \tag{5.6}$$

式（5.6）称为变压器的**电压变换关系**，比值 $K$ 称为**变压比**。改变变压器一次、二次绕组的匝数，可以很方便地改变输出电压的大小。

如果 $N_1 > N_2$，则 $U_1 > U_2$，二次绕组的电压低于一次绕组的电压，变压器使电压降低，这就是降压变压器；如果 $N_1 < N_2$，则 $U_1 < U_2$，二次绕组的电压高于一次绕组的电压，变压器使电压升高，这就是升压变压器；如果 $N_1 = N_2$，则 $U_1 = U_2$，二次绕组的电压等于一次绕组的电压，这就是隔离变压器。

#### 二、变压器的电流变换关系

**变压器的负载运行**是指一次绕组接电源、二次绕组接负载的状态，如图 5.15 所示。图中，$Z_L$ 为负载阻抗，$N_1$、$N_2$ 分别为一次绕组、二次绕组匝数。设一次绕组电流的有效值为 $I_1$，二次绕组电流的有效值为 $I_2$。

变压器从电源中获取能量，并通过电磁感应进行能量转换后，再把电能输送到负载。根据能量守恒定律，在忽略各种损耗的情况下，变压器输出的功率 $P_2$ 和它从电源中获取的

功率 $P_1$ 相等,即 $P_1=P_2$。根据 $P=IU\cos\varphi$ 可得,$P_1=I_1U_1\cos\varphi_1$,$P_2=I_2U_2\cos\varphi_2$。式中 $\cos\varphi_1$、$\cos\varphi_2$ 是一次绕组电路和二次绕组电路的功率因数,通常相差很小,在实际计算中可以认为它们相等,因而得到 $I_1U_1 \approx I_2U_2$,即

$$\frac{I_1}{I_2} \approx \frac{N_2}{N_1} = \frac{1}{K} \tag{5.7}$$

式(5.7)称为**变压器的电流变换关系式**,它表明,变压器有载运行时,一次、二次绕组中的电流与绕组的匝数成反比。

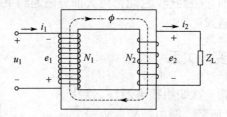

图 5.15 变压器的负载运行

### 三、变压器的阻抗变换关系

电子线路中,总希望负载获得最大功率,而负载获得最大功率的条件是负载阻抗等于信号源的内阻,此时称为**阻抗匹配**。但在实际工作中,负载的阻抗与信号源内阻一般不相等,所以把负载直接接到信号源上并不能获得最大功率。为此,就需要利用变压器来进行阻抗变换,达到阻抗匹配,使负载获得最大功率。

设变压器一次侧输入阻抗为 $|Z'_L|$,二次侧负载阻抗为 $|Z_L|$,如图 5.16 所示。由于 $|Z'_L| = U_1/I_1$,$|Z_L| = U_2/I_2$,则

$$\frac{|Z'_L|}{|Z_L|} = \frac{U_1}{I_1} \times \frac{I_2}{U_2} = \frac{U_1}{U_2} \times \frac{I_2}{I_1} = K^2$$

即

$$|Z'_L| = K^2 |Z_L| \tag{5.8}$$

式(5.8)称为**变压器的阻抗变换关系式**,此式表明,在变压器的二次侧接上负载阻抗 $|Z_L|$ 时,就相当于使电源直接接上一个阻抗为 $|Z'_L| = K^2|Z_L|$ 的负载。

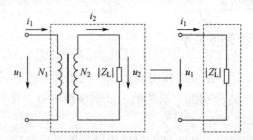

图 5.16 变压器的阻抗变换

**例 5.5** 某车间用变压器对 40 盏 "36V、40W" 电灯供电。设变压器的原线圈为 1320 匝，接在 220V 照明线路上，试问：二次绕组匝数应为几匝，能使各盏灯正常发光？此时一次绕组、二次绕组中的电流分别为多少？

**解**：变压器二次绕组电压 $U_2$=36V，由

$$\frac{U_1}{U_2} = \frac{N_1}{N_2}$$

得二次绕组匝数

$$N_2 = \frac{U_2}{U_1} \times N_1 = \frac{36}{220} \times 1320 = 216 \text{（匝）}$$

二次绕组输出的总功率等于 40 盏电灯功率之和，即

$$P_2 = 40 \times 40\text{W} = 1600\text{W}$$

所以，一次绕组、二次绕组中的电流分别为

$$I_1 = \frac{P_1}{U_1} = \frac{1600}{220}\text{A} = 7.3\text{A}$$

$$I_2 = \frac{P_2}{U_2} = \frac{1600}{36}\text{A} = 44.5\text{A}$$

### 特别提示

变压器不能改变直流电压。直流电压加在变压器的原线圈上时，通过原线圈的电流是直流电流，电流大小、方向不变，电流产生的磁场不变，穿过副线圈的磁通也不变。因此，在副线圈中不会产生感应电动势，副线圈两端没有电压。

为了减小变压器绕组损耗，变压器的高压绕组匝数多而通过的电流小，用较细的导线绕制；低压绕组匝数少而通过的电流大，用较粗的导线绕制。

### 想一想

## 电压互感器

在电工测量中，经常需要对高电压进行测量，为保证测量者的安全及仪表的标准化，必须将待测电压按一定比例降低。这种用于配合测量高电压的专用变压器称是电压互感器。

电压互感器是一种降压变压器，如图 5.17 所示，其结构特点是 $N_1 \gg N_2$；电压互感器的一次绕组匝数较多，与被测线路并联；二次绕组匝数较少，与电压表相连。因此，用电压互感器测量高电压时，电压互感器的一次绕组并联在待测高压端，二次绕组接量程为 100V 的电压表。

使用电压互感器时，互感器的二次绕组的一端、铁芯及外壳必须妥善接地，以保证使用的安全；一、二次绕组两侧都应加接熔断器，用以保护电路和设备；互感器的负荷功率不得超出本身额定容量，否则将造成测量误差增大，危险时还可能损坏器材。

(a) 外形图

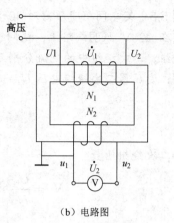

(b) 电路图

图 5.17　电压互感器

1. 下列变压器原理的各种说法中，正确的是_____。
   A. 当原线圈接直流电源时，变压器铁芯中不能产生变化的磁通量，所以变压器不能改变直流电源的电压
   B. 由于穿过原、副线圈的磁通量相同，所以原、副线圈两端的电压与它们的匝数成正比
   C. 变压器可以改变电压、电流，但不能改变传输的功率
   D. 升压变压器的输出电压大于输入电压，所以输出功率大于输入功率
2. 一个正常工作的理想变压器的原、副线圈中，下列哪些物理量一定相等？_____。
   A. 交变电流的频率　　　　　　　B. 电流的有效值
   C. 电功率　　　　　　　　　　　D. 磁通量的变化率
3. 一与电源电相连接的理想变压器，原线圈中电流为 $I_1$，副线圈中电流为 $I_2$，当副线圈中负载电阻 $R$ 变小时_____。
   A. $I_2$ 变小，$I_1$ 变小　　　　　B. $I_2$ 变小，$I_1$ 增大
   C. $I_2$ 增大，$I_1$ 增大　　　　　D. $I_2$ 增大，$I_1$ 变小

## 任务二十九　识读变压器的技术参数

### 一、变压器的运行特性

变压器对电网来说相当于用电设备，希望损耗小、效率高；但对负载来说，它又相当于一个电源，要求其供电电压稳定。这样表示变压器运行特性的主要指标有两个：一是效率；二是输出电压的稳定性。

### 1. 变压器的外特性

**变压器的外特性**是指一次侧电压为额定值 $U_{1N}$、负载功率因数 $\cos\varphi$ 一定时，二次电压 $U_2$ 与二次电流 $I_2$ 之间的变化关系。如图 5.18 所示为变压器的外特性曲线。

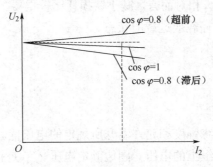

图 5.18 变压器的外特性

从图 5.18 中可以看出，变压器的外特性与负载的大小和性质有关。

随着负载的增大，对于纯电阻负载，端电压下降较少；对于电感性负载，端电压下降较多；对于电容性负载，端电压却上升。

当负载的功率因数过低、输出电流过大时，若是感性负载，将引起输出电压过低；若是容性负载，将引起输出电压过高；两者都会给负载的运行带来不良影响。

### 2. 变压器的电压变化率

**电压变化率**是指变压器从空载到满载运行时，二次电压变化量（$U_{20}-U_{2N}$）与空载电压 $U_{20}$ 的百分比，即

$$\Delta U\% = \frac{U_{20}-U_{2N}}{U_{20}}\times 100\%$$

电压变化率是变压器的主要性能指标之一，数值越小表示变压器性能越好，一般约为 3%～5%。

## 二、变压器的损耗和效率

### 1. 变压器的损耗

变压器的**功率损耗**主要有两部分：铁损耗和铜损耗。变压器铁芯中磁滞损耗和涡流损耗称为铁损耗。其值在电源电压与频率不变时固定不变，也称为不变损耗。变压器绕组有电阻，电流通过绕组时，在绕组的电阻上产生的损耗称为铜损耗。其值与电流的平方成正比。铜损耗的大小随负载的变化而变化，又称为可变损耗。

### 2. 变压器的效率

**变压器的效率 $\eta$** 是指它的输出有功功率 $P_2$ 与输入有功功率 $P_1$ 的百分比，即

$$\eta = \frac{P_2}{P_1}\times 100\% = \frac{P_2}{P_2+\Delta P}\times 100\% \tag{5.9}$$

式（5.9）中，$P_1$ 为输入有功功率；$P_2$ 为输出有功功率；$\Delta P$ 为损耗功率。

变压器的效率比较高，一般电力变压器的效率都在95%以上，大型变压器可达到99%。同一台变压器在不同负载下效率也不同，当铜损耗等于铁损耗时效率最高。由于铁损耗固定不变，铜损耗随负载变化，相对而言，减小铁损耗比较重要。要提高变压器的运行效率，变压器不应该工作在空载、轻载或过载的状态。

### 三、变压器的额定值

#### 1. 额定电压

**额定电压**指变压器的绝缘强度和允许温升所规定的电压值。原边额定电压 $U_{1N}$ 是指变压器正常工作时加在一次绕组上的电压；副边额定电压 $U_{2N}$ 是指一次侧加额定电压，变压器空载时二次绕组的电压值。在三相变压器中，额定电压是指线电压，单位是 V 或 kV。

#### 2. 额定电流

**额定电流** $I_{1N}$ 和 $I_{2N}$ 分别是指变压器一次、二次绕组连续运行所允许通过的最大电流，由绝缘材料允许的温度决定。在三相变压器中，额定电流是指线电流，单位是 A。

#### 3. 额定容量

**额定容量**是指变压器额定的视在功率，通常称为容量。额定容量反映了变压器传递电功率的能力。在三相变压器中，$S_N$ 是指三相总容量，单位为 V·A 或 kV·A。

对单相变压器

$$S_N = U_{1N} I_{1N} = U_{2N} I_{2N}$$

对三相变压器为

$$S_N = \sqrt{3} U_{1N} I_{1N} = \sqrt{3} U_{2N} I_{2N}$$

#### 4. 额定温升

变压器的**额定温升**是以环境温度为+40℃作参考，规定在运行中允许变压器的温升超出参考环境温度的最大温升。

### 特别提示

变压器损耗除铁损和铜损外，还有由负载电流引起的漏磁通在绕组内产生的涡流损耗和在绕组外的金属部分产生的杂散损耗，这些损耗统称为附加损耗。变压器损耗的计算比较复杂，由变压器铁芯的结构、工作负荷、产品型号、生产厂家、环境温度等多种因素决定。

项目五　变压器

 想一想

### 电流互感器

在电工测量中，需要对大电流进行测量，就要用到电流互感器。

电流互感器是一种升压变压器，用于测量高压大电流值。如图 5.19 所示，电流互感器结构特点是：$N_1 \ll N_2$；一次绕组的导线较粗，匝数很少，只有一匝或几匝，它串联在被测电路中，流过被测电流 $I_1$；二次绕组的导线较细，匝数较多，与电流表相连，电流为 $I_2$。

（a）外形图　　　　　　　　　　（b）电路图

图 5.19　电流互感器

电流互感器的作用是：测量大电流，电流互感器的一次绕组串联在待测电路中，二次绕组接电流表。通常电流互感器二次绕组的额定电流设计成标准值 5A。

 练一练

---

**一、填空题**

1. 变压器的损耗有_____和_____两部分。
2. 变压器的副边为感性负载，随着副边电流的增加端电压要_____。
3. 变压器的效率是_____与_____的比值。
4. 一次侧额定电压是指变压器额定运行时，_____；而二次侧额定电压是指一次侧为额定电压时，二次侧测量的_____；对三相变压器是_____电压。

**二、简答题**

1. 变压器的功率损耗由哪几部分组成？它们取决于哪些因素？
2. 怎样提高变压器的效率？

# 技能训练九  小型单相变压器的测试

## 一、训练目的

1. 加深对变压器工作原理的理解。
2. 学会空载和短路实验，测定变压器的变比和参数。
3. 进一步熟悉电流表、电压表、功率表、调压器的使用。

## 二、工具、器材

1. 单相变压器(220V/36V)一台，自耦可调变压器一只。
2. 交流电流表一只，交流电压表一只，交流功率表一只。
3. 导线若干。

## 三、训练内容

### 1. 变压强的空载实验

变压器原绕组加额定电压，副绕组开路的工作状态称为变压器空载状态。空载实验测得的电流称为空载电流 $I_0$，测得的功率 $P_0$ 称为空载损耗。通常变压器的空载电流 $I_0$ 很小，约为额定电流 $I_{1N}$ 的 5%~10%左右，且此时副绕组的功率 $P_2 = 0$，因此，可以认为空载损耗即为铁芯损耗。

变压器的变比是在空载时测定的，变比

$$K = \frac{U_1}{U_{20}}$$

（1）按图 5.20 接线，本实验采用从低压侧加电压的方法，即从副绕组（低压侧）加电压 36V，原绕组（高压侧）开路。

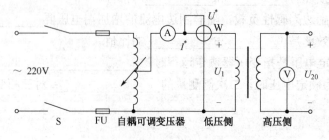

图 5.20  变压器的空载实验电路

（2）调节自耦调压器，使输出电压为低压侧额定值(36V)，并测量高压侧电压 $U_{20}$，低压侧空载电流 $I_0$、空载损耗 $P_0$，计算变比 $K$，填入表 5.1 中。

表 5.1 变压器的空载实验数据（1）

| $U_1$（V） | $U_{20}$（V） | $K=U_1/U_{20}$ | $I_0$（A） | $P_0$（W） |
|---|---|---|---|---|
| 36（V） | | | | |

（3）调节自耦变压器，使低压侧电压 $U_1$ 分别为表 5.2 中的示值，并记录当 $U_1$ 为该示值时的空载电流 $I_0$ 和空载损耗 $P_0$，填入表 5.2 中。

表 5.2 变压器的空载实验数据（2）

| $U_1$（V） | 7 | 14 | 21 | 28 | 35 | 42 | 49 | 56 |
|---|---|---|---|---|---|---|---|---|
| $I_0$（A） | | | | | | | | |
| $P_0$（W） | | | | | | | | |

## 2. 变压器的负载实验

短路实验是将变压器副绕组短路，原绕组加较低的电压，使原绕组的电流达到额定值的情况下所进行的实验。实验中，原绕组所加电压 $U_1$ 称为短路电压，短路实验所测得的功率损耗 $P_K$ 称为短路损耗，因为短路电压很低，短路实验时铁损是很小的，可以认为短路损耗就是变压器额定运行时的铜损耗，即

$$P_K \approx \Delta P_{Cu}$$

由变压器空载、短路实验测得的铁损和铜损，可以求得变压器额定运行时的效率为

$$\eta = \frac{P_2}{P_2 + \Delta P_{Fe} + \Delta P_{Cu}} \times 100\%$$

（1）用导线将副绕组（低压侧）短路，按图 5.21 接线。

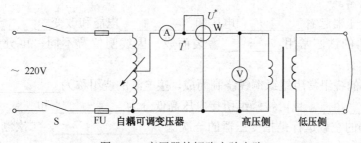

图 5.21 变压器的短路实验电路

（2）由于短路电压一般都很低，只有额定电压的百分之几，所以，调压器一定要旋到零位才能闭合电源开关。然后逐渐增加电压，使短路电流达到高压侧稳定电流值(0.227A)时，测定此时的电压、电流和功率的数值，填入表 5.3 中。

表 5.3 变压器短路实验数据

| 测量项目 | $U_K$（V） | $I_K$（A） | $P_K$（W） |
|---|---|---|---|
| 测量数据 | | | |

## 四、考核评价

学生技能训练的考核评价如表 5.4 所示。

表 5.4  技能训练九考核评价表

| 考核项目 | 评分标准 | 配分 | 扣分 | 得分 |
| --- | --- | --- | --- | --- |
| 仪器、仪表的使用 | 电压表、电流表量程一个错误扣 2 分 | 10 | | |
| | 电压表、电流表接线一个错误扣 2 分 | 10 | | |
| | 功率表接线扣 5 分 | 10 | | |
| | 调压器使用操作不规范扣 5 分 | 10 | | |
| | 电压表、电流表、功率表读数一个错误扣 5 分 | 20 | | |
| 电路连接 | 电路连接一个错误扣 2 分 | 10 | | |
| 参数的计算 | 变比的计算错误扣 10 分 | 10 | | |
| | 效率的计算错误扣 10 分 | 10 | | |
| 安全文明操作 | 有不文明操作行为，或违规、违纪出现安全事故，工作台上脏乱，酌情扣 3～10 分 | 10 | | |
| 合计 | | 100 | | |

# 巩固练习五

## 一、填空题

1. 变压器的种类很多，按相数分为_____和_____变压器。
2. 在电力系统中使用的电力变压器，可分为_____变压器、_____变压器和_____变压器。
3. 电力变压器起着_____电压和_____电能和改变_____参数的作用。
4. 变压器的铁芯常用_____叠装而成，因线圈位置不同，可分成_____和_____两大类。
5. 变压器的绕组常用绝缘铜线绕制而成。接电源的绕组称为_____；接负载的绕组称为_____。也可按绕组所接电压高低分为_____和_____。
6. 变压器的空载运行是指变压器的一次侧_____，二次侧_____的运行方式。
7. 变压器的外特性是指变压器的一次侧输入额定电压和二次侧负载_____一定时，二次侧_____和_____的关系。
8. 收音机的输出变压器二次侧所接扬声器的阻抗为 $8\Omega$，如果要求一次侧等效阻抗为 $288\Omega$，则该变压器的变比应为_____。
9. 自耦变压器的一次侧和二次侧既有____的联系又有____的联系。
10. 电流互感器二次侧严禁____运行，电压互感器二次侧严禁____运行。
11. 英国物理学家_____通过实验首先发现了电磁感应现象。

12. 长 10cm 的直导线在 0.2T 的匀强磁场中沿垂直磁感线方向匀速运动，当导线运动速率为 2m/s 时，直导线中产生的感应电动势大小为_____。

13. 将条形磁铁按图 5.22 所示的方向插入闭合线圈。在磁铁插入的过程中，灵敏电流表示数_____；磁铁在线圈中保持静止不动，灵敏电流表示数_____；将磁铁从线圈上端拔出的过程中，灵敏电流表示数_____(以上各空均填"为零"或"不为零")。

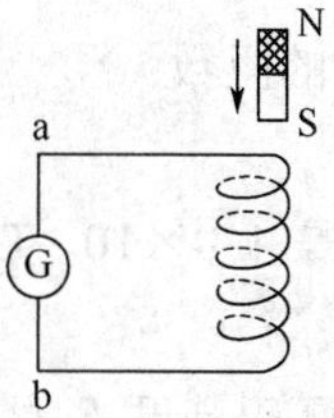

图 5.22

## 二、判断题

1. 变压器的基本工作原理是电流的磁效应。（  ）
2. 当变压器的二次侧电流变化时，一次侧电流也跟着变化。（  ）
3. 接容性负载对变压器的外特性影响很大，并使 $U_2$ 下降。（  ）
4. 为了防止短路造成危害，在电流互感器和电压互感器二次侧电路中，都必须装熔断器。（  ）
5. 与普通变压器一样，当电压互感器二次侧短路时，将会产生很大的短路电流。（  ）

## 三、单项选择题

1. 自耦变压器接电源之前应把自耦变压器的手柄位置调到_____。
   A. 最大值　　　B. 中间　　　C. 零位

2. 电流互感器二次侧回路所接仪表或继电器，必须_____。
   A. 串联　　　B. 并联　　　C. 混联

3. 如图 5.23 所示，一根 0.2m 长的直导线，在磁感应强度 $B=0.8T$ 的匀强磁场中以 $v=3m/s$ 的速度做切割磁感线运动，直导线垂直于磁感线，运动方向跟磁感线、直导线垂直。那么，直导线中感应电动势的大小是_____。
   A. 0.48V
   B. 4.8V
   C. 0.24V
   D. 0.96V

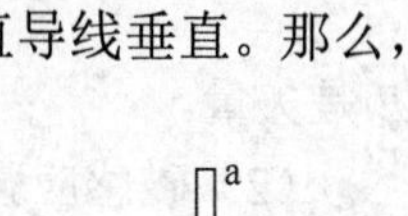

图 5.23

4. 长 10cm 的导线，放入匀强磁场中，它的方向和磁场方向垂直，导线中的电流强度是 3.0A，受到的磁场力是 $1.5×10^{-3}N$，则该处的磁感应强度 $B$ 大小为_____。
   A. $5.0×10^{-3}T$　　B. $5.0×10^{-2}T$　　C. $5.0×10^{-}T$　　D. 5.0T

## 四、分析与计算题

1. 单相变压器的一次侧电压 $U_1$=380V，二次侧电流 $I_2$=21A，变压比 $K$=10.5，试求一次侧电流和二次侧电压。

2. 一台变压器有两个次级线圈，它的初级线圈接在 220 V 电压上，一个次级线圈的电压为 6V，输出电流强度为 2A，匝数为 24 匝，另一个次级线圈的电压为 250V，输出电流为 200mA，试求：

（1）250V 线圈的匝数，初级线圈的匝数；

（2）初级线圈的输入功率。

3. 某地地磁场的磁感应强度大约是 $4.0 \times 10^{-5}$T。一根长为 500m 的电线，电流为 10A，该导线受到的最大磁场力是多少？

4. 在图 5.24 中，设匀强磁场的磁感应强度 $B$ 为 0.1T，切割磁感线的导线长度为 40cm，向右运动的速度 $v$ 为 5m/s，整个线框的电阻 $R$ 为 0.5Ω，试求：

（1）感应电动势的大小；

（2）感应电流的大小和方向。

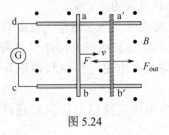

图 5.24

# 学习总结

## 1. 认识磁场

（1）磁感应强度既反映了磁场的强弱又反映了磁场的方向，采用"比值定义"即 $B = \dfrac{F}{IL}$，$B$ 是矢量。

（2）磁感应强度 $B$ 和与其垂直的某一截面 $S$ 的乘积，叫做通过该面积的磁通。即

$$\Phi = BS$$

## 2. 电磁感应现象和电磁感应定律

（1）感应电流产生的条件。表述一，闭合电路的一部分导体在磁场里做切割磁感线运动时，导体内就产生感应电动势和感应电流；表述二，穿过线圈的磁通量发生变化时，线圈里就产生感应电动势和感应电流。从本质上讲，两种表述是等价的，都是由于穿过闭合电路的磁通量发生变化。

（2）感应电动势的方向用右手定则判定。

（3）电磁感应定律的内容：在电磁感应现象中，产生的感应电动势大小，跟穿过这一回路的磁通量的变化率成正比，即 $E=N\dfrac{\Delta\varPhi}{\Delta t}$。要注意区别磁通量的变化量 $\Delta\varPhi$ 和磁通量的变化率 $\dfrac{\Delta\varPhi}{\Delta t}$。

（4）法拉第电磁感应定律的特殊情况：回路中的部分导体做切割磁感线运动，产生的感应电动势的计算公式：$E=BLV$。

### 3. 变压器

变压器是一种根据电磁感应原理进行工作的静止的电气设备，可将某一数值的交流电压与电流变换成同频率另一数值的交流电压与电流，实现变换电压、变换电流和变换阻抗的作用。

（1）变压器按用途可分为：

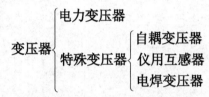

（2）变压器主要由铁芯和绕组两大部分组成。

（3）变压器的工作原理：当初级线圈中通过交变的电流或电压时，闭合磁芯（铁芯）里面的磁通量发生变化，使次级线圈中感应出交变电流或电压。

（4）变压器的损耗分为两部分，一部分是由铁芯带来的损耗，称为铁损；另一部分是由绕组带来的损耗称为铜损。

# 自我评价

学生通过项目五的学习，按表 5.5 所示内容，实现学习过程的自我评价。

表5.5　项目五自评表

| 序号 | 自评项目 | 自评标准 | 项目配分 | 项目得分 | 自评成绩 |
|---|---|---|---|---|---|
| 1 | 认识磁场 | 磁感应强度的定义和磁通量的定义 | 5 | | |
| | | 利用磁感应强度的定义式进行计算 | 5 | | |
| | | 匀强磁场中磁通量的计算 | 5 | | |
| 2 | 探究电磁感应现象和电磁感应规律 | 产生感应电流的条件 | 5 | | |
| | | 右手定则判断感应电动势 | 5 | | |
| | | 法拉第电磁感应定律的内容和计算 | 10 | | |
| 3 | 认识变压器的结构 | 变压器的分类 | 5 | | |
| | | 变压器的结构 | 5 | | |
| | | 变压器使用注意事项 | 5 | | |

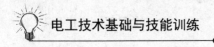

续表

| 序号 | 自评项目 | 自评标准 | 项目配分 | 项目得分 | 自评成绩 |
|---|---|---|---|---|---|
| 4 | 探究变压器的基本原理 | 变压器变压原理 | 11 | | |
| | | 变压器变流原理 | 12 | | |
| | | 变压器的阻抗变换原理 | 12 | | |
| 5 | 认识变压器的技术参数 | 变压器外特性 | 5 | | |
| | | 变压器损耗 | 5 | | |
| | | 变压器额定值 | 5 | | |
| | 能力缺失 | | | | |
| | 弥补措施 | | | | |

# 项目六

# 交流异步电动机

 学习指南

**项目描述：**

三相异步电动机由于其结构简单、牢固耐用、维护简便、造价低廉等优点，可用于驱动各种通用机械，如压缩机、水泵、切削机床等各种机械设备，在生产生活中应用相当广泛。认识其结构是了解电动机的基础，探究其基本原理是应用电动机的前提，识读其铭牌数据是应用电动机的依据。

**学习目标：**

| 学习任务 | 知识目标 | 基本技能 |
| --- | --- | --- |
| 认识三相异步电动机的基本结构 | ① 明确电动机的分类；<br>② 掌握三相交流异步电动机的基本结构；<br>③ 掌握鼠笼式和绕线式电动机的区别 | ① 能判断电动机定子和转子的作用；<br>② 能分清鼠笼式和绕线式电动机的应用范围 |
| 探究三相异步电动机的基本原理 | ① 理解旋转磁场的意义；<br>② 理解磁极对数与同步转速的关系；<br>③ 理解转差率的意义 | ① 学会计算同步转速；<br>② 能计算转差率 |
| 学习三相异步电动机定子绕组的连接 | ① 掌握定子绕组的连接方式；<br>② 明确电动机接线盒内的接线 | ① 学会接线盒内的接线方法；<br>② 学会判断绕组接错的故障 |
| 识读三相异步电动机的铭牌数据 | ① 明确电动机铭牌的意义；<br>② 理解电动机铭牌数据对应的技术指标 | ① 会读电动机铭牌；<br>② 会由电动机铭牌数据计算相应的技术指标 |
| 认识单相异步电动机的结构和铭牌 | ① 了解单相异步电动机的结构；<br>② 掌握单相异步电动机的铭牌；<br>③ 明确单相异步电动机的分类 | ① 能判断单相异步电动机和三相异步电动机的使用场合；<br>② 会读单相异步电动机的铭牌数据 |
| 学会交流异步电动机的使用与维护 | ① 掌握电动机的选型；<br>② 了解电动机常见故障原因及处理；<br>③ 理解电动机的日常维护手段 | ① 会电动机常见故障处理方法；<br>② 掌握避免电动机烧毁的措施 |

## 任务三十　认识三相异步电动机的基本结构

学一学

实现电能与机械能相互转换的电工设备总称为电机。电机是利用电磁感应原理实现电能与机械能的相互转换。把机械能转换成电能的设备称为发电机，而把电能转换成机械能的设备叫做**电动机**。

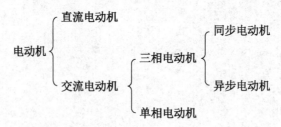

### 一、认识三相异步电动机

在生产上主要用的是交流电动机，特别三相异步电动机，因为它具有结构简单、坚固耐用、运行可靠、价格低廉、维护方便等优点。它被广泛地用来驱动各种金属切削机床、起重机、锻压机、传送带、铸造机械、功率不大的通风机及水泵等，如图6.1所示。

（a）Y型三相异步电动机

（b）油泵三相异步电动机

（c）冶金起重三相异步电动机

（d）多级离心泵/水泵用三相异步电动机

图6.1　三相异步电动机

### 二、了解三相异步电动机的结构

三相异步电动机的种类很多，但各类三相异步电动机的基本结构是相同的，它们都是由定子（固定部分）和转子（旋转部分）两大基本部分组成。在定子和转子之间具有一定的气隙。此外，还有端盖、轴承、接线盒、吊环等其他附件，如图 6.2 所示。

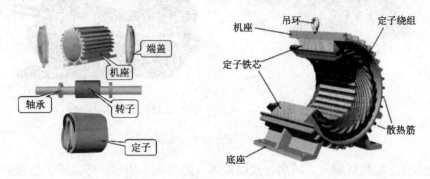

图 6.2  三相异步电动机结构图

### 1．定子

异步电动机的**定子是电动机的电路部分**，通入三相交流电，产生旋转磁场，使转子旋转。定子主要由**定子铁芯、定子绕组和机座三部分组成**，如图 6.3 所示。定子铁芯由厚度为 0.5mm 的，相互绝缘的硅钢片叠成，硅钢片内圆上有均匀分布的槽，其作用是嵌放定子三相绕组；定子绕组用漆包线绕制好，对称地嵌入定子铁芯槽内的相同的线圈。这三相绕组可接成星形或三角形；机座用铸铁或铸钢制成，其作用是固定铁芯和绕组。

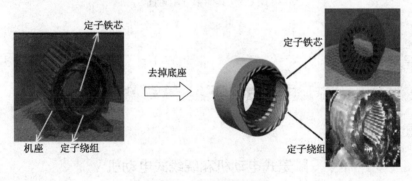

图 6.3  定子结构组成图

### 2．转子

三相异步电动机的**转子由转子铁芯、转子绕组和转轴三部分组成**。转子铁芯由厚度为 0.5mm 的，相互绝缘的硅钢片叠成，硅钢片外圆上有均匀分布的槽，其作用是嵌放转子三相绕组；转轴用来固定转子铁芯，转轴上加机械负载，一般由中碳钢制成；转子绕组有鼠笼式和绕线式两种形式，如图 6.4 所示。

为了保证转子能够自由旋转，在定子与转子之间必须留有一定的空气隙，中小型电动机的空气隙约在 0.2～1.5mm 之间。气隙的大小对电动机性能影响较大，气隙大，可以减少谐波，从而减少附加损耗，改善启动性能，但是会增加励磁电流，使电动机的功率因数降低。但气隙过小，给装配造成困难，运行时定、转子容易发生摩擦，使电动机运行不可靠。如何决定气隙大小，应权衡利弊，全面考虑，一般异步电动机的气隙以较小为宜。

（a）鼠笼式异步电动机　　　　　（b）绕线式异步电动机

图 6.4　转子结构组成图

其他部分主要包括端盖、风扇、接线盒等，如图 6.5 所示。端盖除了起保护作用外，在端盖上还装有轴承，用以支撑转子轴。风扇则用来通风冷却电动机。

图 6.5　其他部分示意图

### 📝 特别提示

根据转子绕组的形式，三相异步电动机可分为鼠笼式异步电动机和绕线式异步电动机。

### 想一想

## 鼠笼式电动机和绕线式电动机

鼠笼式电动机和绕线式电动机的主要区别体现在以下方面：

**转子特点**：鼠笼式绕组由插入转子槽中的多根导条和两个环形的端环组成。若去掉转子铁芯，整个绕组的外形像一个鼠笼，故称笼型绕组。小型笼型电动机采用铸铝转子绕组，对于 100kW 以上的电动机采用铜条和铜端环焊接而成。绕线式电动机转子绕组与定子绕组相似，也是一个对称的三相绕组，一般接成星形，三个出线头接到转轴的三个集流环上，再通过电刷与外电路连接。

**结构特点**：鼠笼式电动机结构简单、价格低廉；绕线式电动机结构较复杂、价格较贵。

**机械特性**：鼠笼式电动机的机械特性不能人为改变；绕线式电动机的机械特性通过转子外加电阻可人为改变。

**应用范围**：鼠笼式电动机较为广泛；绕线式电动机用于吊车、电梯、空气压缩机等要求在一定范围内进行平滑调速的设备。

项目六 交流异步电动机

### 练一练

1．把机械能转换成电能的设备称为_____，而把电能转换成机械能的设备叫做_____。
2．三相异步电动机主要由_____和_____两个基本部分组成。此外还有_____、_____和_____等部件。
3．结合自己的生活实际认识电动机及其结构。

## 任务三十一 探究三相异步电动机的基本原理

### 学一学

#### 一、探究三相异步电动机的工作原理

**1．旋转磁场的转速**

当三相异步电动机接到三相电源上时，对称三相绕组中就有对称三相电流流过，便会产生一个随时间变化的旋转磁场。磁场有一对磁极（一个 N 极，一个 S 极），即磁极对数 $p=1$，因此，又称两极旋转磁场，两极旋转磁场与正弦交流电流同步变化。对工频电流，即 50Hz 的正弦交流电来说，旋转磁场在空间每秒钟转 50 周。以转每分（r/min）为单位，旋转磁场转速 $n_1=50\times60=3000$ r/min。若交流电频率为 $f$，则旋转磁场转速 $n_1=60f$。当磁极对数 $p=2$（四极电动机）时，交流电变化一周，旋转磁场只转动 1/2 周，它的转速为 $p=1$ 时磁场转速的 1/2。由此类推，当旋转磁场有 $p$ 对磁极时，交流电变化一周，旋转磁场只转动 $1/p$ 周。当交流电频率为 $f$，磁极对数为 $p$ 时，**旋转磁场转速 $n_1$** 为

$$n_1=\frac{60f}{p} \tag{6.1}$$

式（6.1）中，$f$ 为三相交流电频率，单位是 Hz；$p$ 为磁极对数，无单位；$n_1$ 为旋转磁场转速，也称同步转速，单位为 r/min。

当三相交流电频率为 50Hz 时，不同磁极对数的异步电动机的同步转速见表 6.1 所示。

表 6.1 异步电动机不同磁极对数的同步转速

| $p$ | 1 | 2 | 3 | 4 | 5 | 6 |
| --- | --- | --- | --- | --- | --- | --- |
| $n_1$ (r/min) | 3000 | 1500 | 1000 | 750 | 600 | 500 |

**2．三相异步电动机的工作原理**

当三相异步电动机接到三相电源上时，定子绕组就会产生旋转磁场，转子绕组在旋转磁场的作用下，产生感应电动势或感应电流。转子电流反过来又受到磁场的电磁力作用，根据左手定则能判断出，由电磁力所导致的电磁转矩促使转子沿旋转磁场转动，以转速 $n_2$

旋转。

转子转速 $n_2$ 永远小于旋转磁场转速（同步转速）$n_1$，也就是说，转子转速 $n_2$ 总是与同步转速 $n_1$ 保持一定的转速率，即保持异步关系，所以把这类电动机称为**异步电动机**。

## 二、计算三相异步电动机的转速差与转差率

异步电动机的同步转速 $n_1$ 与转子转速 $n_2$ 之差，即 $n_1-n_2$ 称为**转速差**。转速差（$n_1-n_2$）与同步转速 $n_1$ 之比，称为异步电动机的**转差率**，用 $s$ 表示。即

$$s = \frac{n_1 - n_2}{n_1} \tag{6.2}$$

转差率是影响电机的一个重要因素。转子转速 $n_2$ 越高，转差率 $s$ 越小；$n_2$ 越低，$s$ 越大。电动机在额定状态时的转差率称为额定转差率，以 $s_N$ 表示。普通三相异步电动机的额定转差率 $s_N$ 约为 0.01～0.05，额定转速 $n_N$ 与同步转速 $n_1$ 很接近。

为了便于计算异步电动机转子的转速，将式（6.2）改写成

$$n_2 = (1-s)n_1 = (1-s)\frac{60f}{p} \tag{6.3}$$

另外，平时所讲的电动机转速就是转子转速。

**例 6.1** 三相异步电动机的额定转速 $n_N$=1440r/min，额定频率 $f$=50Hz。求该电动机的极数、同步转速和额定转差率。

**解**：普通三相异步电动机的额定转差率 $s_N$ 约为 0.01～0.05，额定转速 $n_N$ 与同步转速 $n_1$ 很接近。由表 6.1 可知，电动机的同步转速 $n_1$=1500 r/min，磁极对数 $p$=2，该电机为四级电动机。由式（6.2）可得额定转差率 $s_N$ 为

$$s_N = \frac{n_1 - n_N}{n_1} = \frac{1500 - 1440}{1500} = 0.04$$

### 特别提示

异步电动机的转动方向与旋转磁场的转动方向是一致的，如果旋转磁场方向变了，转子的转动方向即电动机转动方向也要随着改变。而磁场的旋转方向取决于三相电源的相序，所以，要使电动机反转只需要使旋转磁场反转。为此只要将接在三相电源的三根相线中的任意两根对调即可。

### 想一想

### 电动机的调速

许多机械设备在工作时需要改变运动速度。像金属切削车床要根据刀具的性质和被加工材料的种类来调节转速，这就需要改变异步电动机的转速。在负载不变的情况下，改变异步电动机的转速 $n_2$ 称为调速。由式（6.3）可知，有三种方法可以改变电动机转速：

（1）改变电源频率 $f$。这种调速方法称为变频调速，它是一种很有效的调速方法。但是由于我国电网频率固定为 50Hz，必须配备复杂的变频设备，以便对电动机的定子绕组提供

不同频率的交流电。

（2）改变转差率 $s$。仅适用于绕线转子异步电动机。其方法是在转子绕组的电路中接调速变阻器。一般用于起重设备上。

（3）改变磁极对数 $p$。用此方法调速时，只能成对地改变磁极数，所以这种方法是有级调速。改变定子绕组的联结方式，就能改变磁极对数。这种磁极对数改变的电动机称为多速电动机。常见有双速电动机和三速电动机等。

**练一练**

1. 当交流电频率 $f$=50Hz，磁极对数 $p$=4 时，该电动机的同步转速 $n_1$ 为_____。
2. 异步电动机的转速差（$n_1 - n_2$）与同步转速 $n_1$ 之比，称为异步电动机的_____。
3. 要使电动机反转只需要使旋转磁场反转。为此只要将接在三相电源的三根相线中的任意_____对调即可。
4. 三相异步电动机的磁极对数 $p$=2，转差率 $s$=0.05，电源频率 $f$=50Hz。则该电动机的转速为_____r/min。

## 任务三十二　学习三相异步电动机定子绕组的连接

### 一、三相定子绕组的连接方法

定子三相绕组用绝缘的铜（或铝）导线绕成，嵌在定子槽内，三相绕组可接成星形或三角形联结。电动机接线盒内都有一块接线板，三相绕组的六个出线端都引至接线盒上，首端分别标为 $U_1$、$V_1$、$W_1$，末端分别标为 $U_2$、$V_2$、$W_2$。六个接线头排成上下两排，并规定上排三个接线桩自左至右排列的编号为 $W_2$、$U_2$、$V_2$；下排三个接线桩自左至右排列的编号为 $U_1$、$V_1$、$W_1$。凡制造和维修时均应按这个序号排列，如图 6.6 所示。

将上面三个接线头横的方向用连接片短接，下面三个接线头接三相电源的三根相线，即为星形联结，如图 6.6（a）所示；拆下上面横的方向的连接片，改为竖的方向上下连接，下面三个接线头接三相电源的三根相线，便是三角形联结，如图 6.6（b）和 6.6（c）所示。

### 二、三相绕组接错的故障处理

三相绕组接错造成不完整的旋转磁场，会导致启动困难、三相电流不平衡、噪声大等症状，严重时若不及时处理会烧坏绕组。主要有下列几种情况：

某极（相）中一只或几只线圈嵌反或头尾接错；极(相)组接反；某相绕组接反；多路并联绕组支路接错；"△""Y"接法错误。

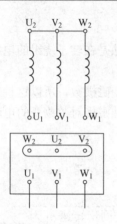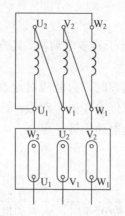

图 6.6　三相定子绕组连接示意图

### 1. 故障现象

电动机不能启动，空载电流过大或不平衡，温升太快或有剧烈振动并有很大的噪声，烧断保险丝等现象。

### 2. 产生原因

误将"△"形接成"Y"形；维修保养时三相绕组有一相首尾接反；减压启动是抽头位置选择不合适或内部接线错误；新电机在下线时，绕组连接错误；旧电机出头判断不对。

### 3. 处理方法

（1）一个线圈或线圈组接反，则空载电流有较大的不平衡，应进厂返修。
（2）引出线错误的应正确判断首尾后重新连接。
（3）减压启动接错的应对照接线图或原理图，认真校对重新接线。
（4）新电机下线或重接新绕组后接线错误的，应送厂返修。
（5）定子绕组一相接反时，接反的一相电流特别大，可根据这个特点查找故障并进行维修。
（6）把"Y"形接成"△"形或匝数不够，则空载电流大，应及时更正。

 特别提示

高压大、中型容量的异步电动机定子绕组常采用 Y 形联结，对中、小容量低压异步电动机，根据需要可接成 Y 形或△形联结。

想一想

### 三相绕组接错的检修方法

三相绕组接错的检修方法主要有：

（1）滚珠法。如滚珠沿定子内圆周表面旋转滚动，说明正确，否则绕组有接错现象。
（2）指南针法。如果绕组没有接错，则在一相绕组中，指南针经过相邻的极(相)组时，所指的极性应相反，在三相绕组中相邻的不同相的极(相)组也相反；如极性方向不变时，说明有一极(相)组反接；若指向不定，则相组内有反接的线圈。

(3) 万用表电压法。按接线图，如果两次测量电压表均无指示，或一次有读数、一次没有读数，说明绕组有接反处。

常见的还有干电池法、毫安表剩磁法、电动机转向法等。

### 练一练

1. 三相异步电动机的三相绕组的六个出线端在接线盒排成上下两排，上排三个接线桩自左至右排列的编号依次为_____；下排三个接线桩自左至右排列的编号依次为_____。

2. 将三相异步电动机的接线盒中上面三个接线头横的方向用连接片短接，下面三个接线头接三相电源的三根相线，即为_____联结；拆下上面横的方向的连接片，改为竖的方向上下连接，下面三个接线头接三相电源的三根相线，便是_____联结。

3. 画出三相异步电动机定子绕组的星形联结和三角形联结示意图。

## 任务三十三　识读三相异步电动机的铭牌数据

### 学一学

在三相异步电动机的外壳上，钉有一块牌子，叫铭牌，如图 6.7 所示。铭牌上注明这台三相电动机的主要技术数据，是选择、安装、使用和维修（包括重绕组）三相电动机的重要依据。

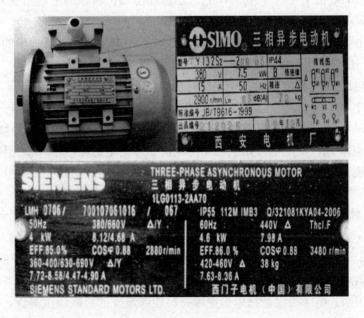

图 6.7　电动机铭牌

铭牌上数据的排列和形式根据品牌的不同有所差别,但铭牌标注的额定值是反映三相交流异步电动机额定工作状态的主要参数,某台**电动机铭牌上的主要内容**见表 6.2 所示。

表 6.2 电动机铭牌数据

| 三相异步电动机 | | | | | |
|---|---|---|---|---|---|
| 型号 | Y90L-4 | 电压 | 380V | 接法 | Y |
| 功率 | 1.5kW | 电流 | 3.7A | 工作方式 | 连续 |
| 转速 | 1400r/min | 功率因数 | 0.79 | 温升 | 90℃ |
| 频率 | 50Hz | 绝缘等级 | B | 出厂年月 | ×年×月 |
| 电机厂××× | | 产品编号 | | 重量 kg | |

(1)型号。我国生产的三相交流异步电动机的类型、规格及特征代号主要由汉语拼音字母和数字结合表示。例如,"Y"表示"异步电动机";"R"表示绕线型,目前大量使用的是参照国际电动委员会标准生产的 Y 系列交流异步电动机。常用的有 Y——笼型异步电机、YR——绕线式异步电动机、YD——多速电机、YZ——起重冶金用异步电机、YQ——高启动转矩异步电动机等。Y 系列电机型号含义如下:

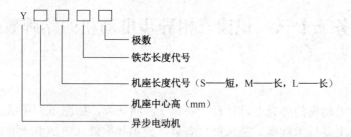

在表 6.2 中,电机型号为 Y90L-4,则表示机座至输出转轴的中心高度为 90mm 的长机座 4 极异步电动机。

(2)额定功率 $P_N$。额定功率是指在满载运行时三相电动机轴上所输出的额定机械功率,以 kW(千瓦)或 W(瓦)为单位。

(3)额定电压 $U_N$。额定电压是指电动机额定状态时定子绕组的**线电压**。三相电动机要求所接的电源电压值的变动一般不应超过额定电压的±5%。电压过高,电动机容易烧毁;电压过低,电动机难以启动,即使启动后电动机也可能带不动负载,容易烧坏。

(4)额定电流 $I_N$。额定电流是指三相电动机在额定电源电压下,输出额定功率时,定子绕组的**线电流**,用 A(安)为单位。若超过额定电流过载运行,三相电动机就会过热乃至烧毁。

(5)额定频率 $f_N$。额定状态下电动机应接电源的频率。我国规定标准电源频率为 50Hz。

(6)额定转速 $n_N$。额定转速表示三相电动机在额定工作情况下转子的转速,单位为 r/min。一般是略小于对应的同步转速。

(7)绝缘等级。绝缘等级是指电机绝缘材料能够承受的极限温度等级,分为 A、E、B、F、H 五级,A 级最低(105℃),B 级为 130℃,H 级最高(180℃)。

此外，铭牌上还标注有绕组接法、绝缘等级或额定温升等。对于绕线式电机还标注转子额定状态，如转子额定电压，转子未外接元件时的额定电流等。

### 特别提示

三相异步电动机额定功率、电流、电压之间的关系为 $P_N = \sqrt{3} I_N U_N \eta_N \cos\varphi_N$，式中 $\eta_N$ 为额定情况下的效率。对于 380V 低压异步电动机，其 $\cos\varphi_N$ 和 $\eta_N$ 的乘积约为 0.8，所以额定电流估算值为 $I_N \approx 2 P_N$。

### 想一想

#### 电动机的启动转矩、最大转矩和额定转矩

电动机的启动转矩（或称为"堵转转矩"）是指电动机加上额定电压，刚启动（转速为零）时的转矩。启动转矩越大，电动机加速度越大，启动过程越短，也就越能带重负载启动。这些都说明电动机启动性能好。反之，若启动转矩小，启动困难，启动时间长，使电动机绕组极易过热，甚至启动不起来，更不能重载启动。所以，国家规定电动机的启动转矩不能小于一定的范围。一般常用电动机的启动转矩都为额定转矩的 1.2～2 倍之间。

电动机的最大转矩（或称为临界转矩）是指电动机从启动到正常运转的过程中，电磁转矩是不断变化的，其中的一个最大值，用 $T_m$ 表示。最大转矩是衡量电动机短时过载能力的一个重要指标。最大转矩越大，电动机承受机械荷载冲击能力越大。如果电动机在带负载运行中发生了短时过载现象，当电动机的最大转矩小于过负载的阻转矩时，电动机便会停转，发生所谓"闷车"现象。

电动机的额定转矩是指在额定电压、额定负载下，电动机转轴上产生的电磁转矩，用 $T_N$ 表示。其数值可用以下公式近似计算

$$T_N = 9550 \frac{P_N}{n_N}$$

式中，$T_N$ 为电动机的额定转速（N·m）；$P_N$ 为电动机的额定功率（kW）；$n_N$ 为电动机的额定转速（r/min）。

电动机的过载能力用过载系数表示。过载系数等于最大转矩与额定转矩的比值，用 $\lambda$ 表示，其数学公式为

$$\lambda = \frac{T_m}{T_N}$$

显然，电动机的额定转矩小于最大转矩，但不能接近最大转矩，否则电动机稍微过载就立刻停转。电动机的过载系数，国家有一定的规定值范围。一般异步电动机过载系数都在 1.8～3.5 之间。J2 和 JO2 系列异步电动机为 1.8～2.2；Y 系列为 2.0～2.2 之间；特殊用途如起重、冶金用异步电动机（如 YZR 型）可达 3.3～3.5 或更大。

**练一练**

1. 电动机的额定电压是指电动机额定状态时定子绕组的_____。电动机的额定电流是指三相电动机在额定电源电压下，输出额定功率时，定子绕组的_____。
2. 电动机型号为Y132S-2，说明该异步电动机的极数为_____。
3. 电动机铭牌上标示为 Y/△ 380/220V，表示该电动机在电源线电压为380V时，为_____形联结；当电源线电压为220V时为_____形联结。

## 任务三十四　认识单相异步电动机的结构和铭牌

**学一学**

### 一、认识单相异步电动机的结构和分类

用单相电源供电，只有一相定子绕组的异步电动机，叫做**单相异步电动机**。单相异步电动机的功率比较小，一般都不到 1kW。由于只需单相交流电源供电，因此广泛用于日常生活和工农业生产中，如电风扇、洗衣机、电冰箱、吸尘器械、鼓风机、水泵等，如图 6.8 所示。

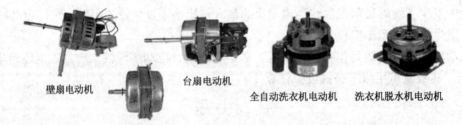

图 6.8　单相异步电动机的应用

单相异步电动机的结构与三相异步电动机相似，有**定子和转子两个基本部分**，如图 6.9 所示。电动机有两个定子绕组，即主绕组（运行绕组）和副绕组（启动绕组），转子为笼型。

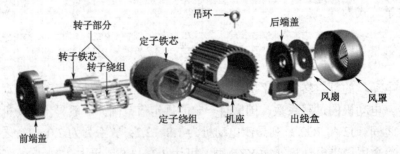

图 6.9　单相异步电动机的结构

根据不同的启动待性和运行待性，单相异步电动机有电阻启动式电动机、电容启动式电动机、电容运转式电动机、电容启动与运转式电动机和罩极式电动机，如图6.10所示。

（a）电阻起动式电动机　　　　（b）电容起动式电动机

图6.10　单相异步电动机的分类

## 二、识读单相异步电动机的铭牌

同其他电机一样，每台单相异步电动机的机座上也都有一个铭牌，它标记着电动机的名称、型号、出厂编号、各种额定值等信息，如图6.11所示。

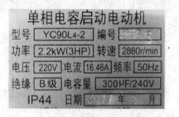

图6.11　单相异步电动机的铭牌

（1）型号。

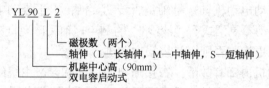

（YY电容运行式、YC电容启动式、YU电阻启动式、YJ单相罩极式）

（2）额定值。

额定电压 $U_N$ 是指电动机在额定状态下运行时加在定子绕组上的电压，单位为V。

额定电流 $I_N$ 是指在额定状态下运行的电动机，流过定子绕组的电流值，单位为A。电动机在长期运行时的电流不允许超过该值。

额定功率 $P_N$ 是指单相异步电动机轴上输出的机械功率，单位为W。

额定功率 $n_N$ 是指电动机在额定状态下的转速，单位为r/min。

额定频率 $f_N$ 是指加在电动机上的交流电源的频率，单位为Hz。

（3）防护等级。IP表示电动机外壳的防护等级，其后面的两位数字分别表示电机防固体和防水能力，见表6.3所示。数字越大，防护能力越强。如IP44中第一位数字"4"表示电机能防止直径或厚度大于1毫米的固体进入电机内壳。第2位数字"4"表示能承受任何方向的溅水。

表6.3 防护等级对照表

| 第一位数字 | 防止固体异物进入 | 第二位数字 | 防止进水 |
| --- | --- | --- | --- |
| 0 | 固体异物直径大于50毫米 | 0 | 无防护 |
| 1 | 固体异物直径大于50毫米 | 1 | 垂直滴水 |
| 2 | 固体异物直径大于12毫米 | 2 | 倾角75°～90°滴水 |
| 3 | 固体异物直径大于2.5毫米 | 3 | 淋水 |
| 4 | 固体异物直径大于1毫米 | 4 | 溅水 |
| 5 | 防尘 | 5 | 喷水 |
| 6 | 防密 | 6 | 猛烈喷水 |

 **特别提示**

额定功率是指在额定运行时，电动机轴上输出的机械功率，只不过是用功率的单位 W 来表示，它并非指电动机从电网取得的电功率。

 想一想

### 单相异步电动机故障检查

单相异步电动机的故障检查，可按下列顺序进行：

（1）检查电动机端盖是否破裂，电动机轴是否弯曲，各部分接线有无折断或接触不良的地方。如有坏损，需及时进行更换、校正和维修。

（2）用手转动电动机轴，看轴是否转动灵活；上下推动电动机轴，观察是否有框动的现象。如发现转动不灵活或有"沙沙"的响声，轴又出现框动时，则说明轴承磨损严重或已损坏，应加以更换，否则极易烧损电动机。

（3）若电动机内部有故障，在接通电源后，就会产生绕组冒烟、电阻丝熔断或电机转动缓慢、有噪音、转子不转动等现象发生。出现上述现象时，需将电动机端盖打开，找出烧损的部位，拆除烧毁的绕组，重新更换新绕组。

 练一练

1．用_____电源供电的异步电动机叫做单相异步电动机，它由_____和_____两个基本部分组成。

2．单相电动机有两个定子绕组即_____绕组_____绕组。

3．电动机防护等级 IP 后面的两位数字分别表示电机防_____和防_____能力。

## 任务三十五  学习交流异步电动机的使用与维护

### 学一学

电动机在日常的运行过程中若使用或维护不当，常会发生一些故障，如电动机通电后不能启动，转速过快、过慢，电动机在运行过程中温升过高，有异常的响声和振动，电动机绕组冒烟、烧焦等。

### 一、电动机的选型

合理选择电动机关系到生产机械的安全运行和投资效益。

根据生产机械负载的需要来选择电动机的功率。同时，还要考虑负载的工作制问题，也就是说，所选的电动机应适应机械负载的连续、短时或间断周期工作性质。功率选用时不能太大，也不能太小。选小了，保证不了电动机和生产机械的正常工作；选大了，虽然能保证正常运行，但是不经济，电动机容量不能被充分利用，而且电动机经常不能满载运行，使得效率和功率因数不高。

根据电源电压条件要求选择电动机的额定电压与频率，根据生产机械对调速、启动要求选择电动机的类型，根据生产机械的转速选择电动机的转速。

根据工作环境选择电动机的结构形式，应适应使用环境条件的要求，并且要力求安装、调试、检修方便，以保证电机能安全可靠地运行。

### 二、电动机的运行检查

电动机启动前，首先应检查电动机的装配是否灵活，绕组绝缘电阻是否符合要求，转动部分有无卡阻，还要检查电动机的启动和保护设备是否合乎要求，比如电动机接地装置是否完好，所选的低压断路器、接触器、熔断器配置是否正确等。电动机启动时，启动次数不能太多，否则电动机可能过热烧坏。

电动机运行中，要密切监视其电压、电流和温度，电动机运行电压应严格控制在变化范围内，否则可能引起电机过热，同样，电流也不能过高或过低，因为电压一定时，运行电流则反映了电动机所拖动负载的情况，机械负载过重，电动机长期过负荷运行，电流会升高，使电动机严重过热，如果电机负载过轻，形成"大马拉小车"，电动机容量就不能够充分利用。

### 三、电动机的日常维护

（1）使用环境应经常保持干燥，电动机表面应保持清洁，进风口不应受尘、纤维等阻碍。

（2）当电动机的热保护连续发生动作时，应查明故障来自电动机还是超负荷或保护装置整定值太低，消除故障后，方可投入运行。

（3）应保证电动机在运行过程中良好的润滑，一般的电动机运行 5000h 左右，即应补充或更换润滑脂（封闭轴承在使用寿命期内不必更换润滑脂），运行中发现轴承过热或润滑变质时，应及时换润滑油。更换润滑脂时，应消除旧的润滑脂，并用汽油洗净轴承及轴承盖的油槽，然后将 ZL-3 锂基润滑脂填充轴承内外圈之间空腔的 1/2（对 2 极）及 2/3（对 4、6、8 极）。

（4）当轴承的寿命终了时，电动机运行时的振动及噪声将明显增大，检查轴承的径向游隙到一定数值时，即更换轴承。

（5）拆卸电动机时，从轴伸端或非轴伸端取出转子都可以，如果没有必要卸下风扇，还是从非轴伸端取出转子较为便利，从定子中抽出转子时，应防止损坏定子绕组或绝缘。

（6）更换绕组时必须记下原绕组的形式，尺寸及匝数、线规等，当失落了这些数据时，应向制造厂索取，随意更改原设计绕组，常常使电动机某项或几项性能恶化，甚至无法使用。

 特别提示

电动机过载运行的主要原因是由于拖动的负荷过大，电压过低，或被带动的机械卡滞等造成的。若过载时间过长，电动机将从电网中吸收大量的有功功率，电流便急剧增大，温度也随之上升，在高温下电动机的绝缘便老化失效而烧毁。

 想一想

### 电动机的常见故障

电动机的常见故障主要有转子扫膛、振动，绕组匝间或层间短路，绕组接地，定子绕组缺相运行，定子绕组首尾反接，三相电流不平衡，铁芯硅钢片绝缘损坏等。

电动机振动时会产生噪声和附加负荷，可能是传动装置不良造成，也可能是电动机本身引起的，比如转子动平衡不好，转轴弯曲，安装不到位，紧固件松动等。

电动机缺相运行的原因主要是线路熔断器熔体熔断，开关接触器触点烧损接触不良引起的。如果运行时间过长，将会烧坏电动机。

电源三相电压不平衡或绕组匝间短路会引起三相电流不平衡，定子绕组首尾反接会引起电机温度升高，绕组接地或短路都会造成电流过大，铁芯硅钢片绝缘损坏会引起电动机过热等。总之，在实际运行中，要正确分析电机故障原因，加强巡视和维护，尽可能地及时发现和消除电动机的故障，确保电动机的安全运行。

 练一练

对你日常生活中的家用电器电动机进行日常维护。

# 技能训练十 交流异步电动机的简单检测

## 一、训练目标

1. 了解交流异步电动机的绕组的性能。
2. 学会用万用表测量交流异步电动机的直流电阻。
3. 学会用兆欧表测量绕组绝缘电阻。
4. 学会判断三相绕组的首尾端。
5. 学会测各相空载电流、绕组相电压及转速。

## 二、主要使用工具、仪表及器材

1. 三相异步电动机若干台。
2. 工具：测电笔、螺丝刀、尖嘴钳、斜口钳、剥线钳、电工刀等。
3. 仪表：兆欧表、钳形电流表、万用表、稳压电源。
4. 器材：导线、干电池。

## 三、训练内容

**1. 测三相绕组冷态直流电阻**

将万用表置于低电阻量程挡，在电动机接线盒中，取下全部连接铜片，依次测量 $U_1$-$U_2$、$V_1$-$V_2$、$W_1$-$W_2$ 之间的直流电阻，将其记入表 6.4 中。若阻值小，为正常现象；若阻值为 0，说明绕组内部短路；若阻值为∞，说明绕组内部开路。三相绕组直流电阻值相互的差不得大于 2%。

表 6.4 三相绕组冷态直流电阻

| 绕组 | $U_1$-$U_2$ | $V_1$-$V_2$ | $W_1$-$W_2$ |
|---|---|---|---|
| 阻值 | | | |

**2. 测量绕组绝缘电阻**

检测前应检验一下兆欧表的好坏。将兆欧表水平放置，空摇兆欧表，指针应该指到∞处，再慢慢摇动手柄，使 L 和 E 两接线柱输出线瞬时短接，指针应迅速指零。注意在摇动手柄时不得让 L 和 E 短接时间过长，否则将损坏兆欧表。

在拆去接线盒中三相绕组全部连接铜片的前提下，将兆欧表的接地端（E）接在电动机外壳上，线路端（L）分别接电动机绕组的任一接线端，然后以每秒 2 转的匀速摇兆欧表的手柄，表针稳定后读数，该数值即为所测绕组的对地绝缘电阻值；再用兆欧表检测三相绕组之间的绝缘电阻值，记入表 6.5 中。阻值应大于 200MΩ 为正常。

表 6.5  绕组绝缘电阻

| 相数 | U-地 | V-地 | W-地 | U-V | V-W | W-U |
|---|---|---|---|---|---|---|
| 绝缘电阻 | | | | | | |

### 3. 判断三相绕组的首尾

将三相绕组的六个端头从接线板上拆下，先用万用表测出每相绕组的两个端头，并按图 6.12 所示编为 1 号、2 号、3 号、4 号、5 号、6 号。

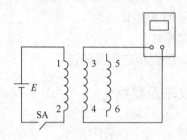

图 6.12  绕组首尾端判别电路

将 3、4 两号绕组端接万用表正、负端钮，并规定接正端钮的为首端，将万用表置于直流最低毫安挡。将另一绕组的 1、2 端分别接低压直流电源正、负极；在闭合 SA 开关瞬间，如电流表指针向右偏转，则与电源正极相接的一端 1 和与万用表正端钮相接的 3 端为同极性端，均为首端。反过来，2 与 4 也是同极性端，均为尾端。用同样办法，可判断出第三相绕组的 5、6 两端谁为首端、谁为尾端。规定 1-2 端绕组为 U 相、3-4 端绕组为 V 相、5-6 端绕组为 W 相，按下表 6.6 要求填出对应端子的编号。

表 6.6  绕组首尾端判别

| 绕组 | $U_1$ | $U_2$ | $V_1$ | $V_2$ | $W_1$ | $W_2$ |
|---|---|---|---|---|---|---|
| 编号 | | | | | | |

## 四、考核评价

学生技能训练的考核评价如表 6.7 所示。

表 6.7  技能训练十考核评价表

| 考核项目 | 评分标准 | 配分 | 扣分 | 得分 |
|---|---|---|---|---|
| 三相绕组冷态直流电阻 | 量程选择正确，错误一个扣 1 分 | 15 | | |
| | 读数准确，错误一个扣 1 分 | 15 | | |
| 三相绕组绝缘电阻 | 量程选择正确，错误一个扣 1 分 | 15 | | |
| | 读数准确，错误一个扣 1 分 | 15 | | |
| 三相绕组首尾判别 | 电路连接正确，错误 1 处扣 1 分 | 15 | | |
| | 判断正确，错误一处扣 2 分 | 15 | | |
| 安全文明操作 | 有不文明操作行为，或违规、违纪出现安全事故，工作台上脏乱，酌情扣 3~10 分 | 10 | | |
| 合计 | | 100 | | |

## 巩固练习六

### 一、填空题

1. 电动机是将_____能转换为_____能的设备。
2. 三相异步电动机主要由_____和_____两部分组成。
3. 三相异步电动机的定子铁芯是用薄的硅钢片叠装而成，它是定子的_____路部分，其内表面冲有槽孔，用来嵌放_____。
4. 三相异步电动机的三相定子绕组是定子_____部分，空间位置相差 120°。
5. 三相异步电动机的转子有_____式和_____式两种形式。
6. 三相异步电动机的三相定子绕组通以_____，则会产生_____。
7. 三相异步电动机旋转磁场的转速称为_____，它与_____和_____有关。
8. 三相异步电动机旋转磁场的转向是由_____决定的，运行中若旋转磁场的转向改变了，转子的转向_____。
9. 一台三相四极异步电动机，如果电源的频率 $f_1$=50Hz，则定子旋转磁场每秒在空间转过_____转。
10. 三相异步电动机的转速取决于_____、_____和_____。
11. 电动机的额定转矩应_____最大转矩。
12. 在额定工作情况下的三相异步电动机，已知其转速为 960 r/min，电动机的同步转速为_____，磁极对数为_____，转差率为 0.04。
13. 三相异步电动机的定子主要由_____和_____组成。
14. 三相异步电动机的转子主要由_____和_____组成。

### 二、单项选择题

1. 异步电动机旋转磁场的转向与_____有关。
   A．电源频率　　　B．转子转速　　　C．电源相序
2. 三相异步电动机形成旋转磁场的条件是_____。
   A．在三相绕组中通以任意的三相电流
   B．在三相对称绕组中通以三个相等的电流
   C．在三相对称绕组中通以三相对称的正弦交流电流
3. 三相异步电动机在稳定运转情况下，电磁转矩与转差率的关系为_____。
   A．转矩与转差率无关　　　　　　B．转矩与转差率平方成正比
   C．转差率增大，转矩增大　　　　D．转差率减小，转矩增大
4. 某三相异步电动机的额定转速为 735r/min，相对应的转差率为_____。
   A．0.265　　　B．0.02　　　C．0.51　　　D．0.183
5. 工频条件下，三相异步电动机的额定转速为 1420 转/分，则电动机的磁极对数为

_____。

    A．1        B．2        C．3        D．4

6．一台磁极对数为 3 的三相异步电动机，其转差率 3%，则此时的转速为_____ r/min。

    A．2910        B．1455        C．970

7．异步电动机的转动方向与_____有关。

    A．电源频率    B．转子转速    C．负载转矩    D．电源相序

8．三相异步电动机的额定功率是指电动机_____。

    A．输入的视在功率        B．输入的有功功率
    C．产生的电磁功率        D．输出的机械功率

### 三、分析与计算题

1．在额定工作情况下的三相异步电动机 Y180L-6 型，其转速为 960 r/min，频率为 50Hz，问电机的同步转速是多少？有几对磁极对数？转差率是多少？

2．一台三相异步电动机，电源频率 $f_1$=50Hz，额定转差率 0.02。试求当极对数 $p$=3 时电动机的同步转速及额定转速。

3．极数为 8 的三相异步电动机，电源频率 $f_1$=50Hz，额定转差率 $s_N$=0.04，$P_N$=10kW，试求额定转速和额定电磁转矩。

# 学习总结

### 1．三相异步电动机的基本结构

（1）定子（固定部分）：主要由定子铁芯、定子绕组和机座三部分组成。

（2）转子（旋转部分）：主要由转子铁芯、转子绕组和转轴三部分组成。

（3）其他部分：端盖、轴承、接线盒、吊环等其他附件。

### 2．三相异步电动机的基本原理

（1）旋转磁场。三相对称绕组通入三相对称电流就形成旋转磁场。

（2）同步转速。旋转磁场的转速 $n_1 = \dfrac{60f}{p}$。

（3）旋转的原理。若转子转速等于旋转磁场的转速，则转子与旋转磁场保持相对静止，转子失去旋转动力，因此，转子转速必定低于旋转磁场的转速（同步转速）。所以被称为异步电动机。

（4）转速差与转差率。同步转速 $n_1$ 与转子转速 $n_2$ 之差，即 $n_1 - n_2$ 称为转速差。转速差（$n_1 - n_2$）与同步转速 $n_1$ 之比，称为异步电动机的转差率，用 $s$ 表示。即

$$s = \frac{n_1 - n_2}{n_1}$$

## 3. 定子绕组的连接

（1）连接方式。定子三相绕组用绝缘的铜（或铝）导线绕成，嵌在定子槽内。这三相绕组可接成星形或三角形。定子三相绕组的六个出线端都引至接线盒上，首端分别标为 $U_1$、$V_1$、$W_1$，末端分别标为 $U_2$、$V_2$、$W_2$。

（2）绕组接错的影响。绕组接错造成不完整的旋转磁场，致使启动困难、三相电流不平衡、噪声大等症状，严重时若不及时处理会烧坏绕组。

（3）绕组接错的几种情况。某极（相）中一个或几个线圈嵌反或头尾接错；极(相)组接反；某相绕组接反；多路并联绕组支路接错；"△""Y"接法错误。

## 4. 三相异步电动机的铭牌数据

铭牌上数据的排列和形式根据品牌的不同有所差别，但铭牌标注的额定值是反映三相交流异步电动机额定工作状态的主要参数，主要包括型号、额定功率、额定电压、额定电流、额定频率、额定转速、绝缘等级等。

## 5. 单相异步电动机

（1）单相异步电动机的结构：定子、转子、其他部分。

（2）单相异步电动机的分类：分相式和罩极式。

（3）单相异步电动机的铭牌：标记着电动机的名称、型号、出厂编号、各种额定值等。

## 6. 交流异步电动机的使用与维护

合理选择电动机：根据生产机械负载的需要来选择电动机的功率，根据电源电压条件要求选择电动机的额定电压与频率，根据生产机械对调速、启动要求选择电动机的类型，根据生产机械的转速选择电动机的转速，根据工作环境选择电动机的结构形式。

# 自我评价

学生通过项目六的学习，按表 6.8 所示内容，实现学习过程的自我评价。

表6.8 项目六自评表

| 序号 | 自评项目 | 自评标准 | 项目配分 | 项目得分 | 自评成绩 |
|---|---|---|---|---|---|
| 1 | 三相异步电动机的基本结构 | 电动机的分类 | 3 | | |
| | | 三相交流异步电动机定子的结构 | 3 | | |
| | | 三相交流异步电动机转子的结构 | 3 | | |
| | | 鼠笼式和绕线式电动机的区别 | 3 | | |
| 2 | 三相异步电动机的基本原理 | 旋转磁场的意义 | 2 | | |
| | | 磁极对数与同步转速的关系 | 5 | | |
| | | 转差率的意义 | 5 | | |
| | | 学会计算同步转速 | 5 | | |
| | | 能计算转差率 | 5 | | |

续表

| 序号 | 自评项目 | 自评标准 | 项目配分 | 项目得分 | 自评成绩 |
|---|---|---|---|---|---|
| 3 | 三相异步电动机定子绕组的连接 | 定子绕组的连接方式 | 8 | | |
| | | 电动机接线盒内的接线 | 8 | | |
| | | 判断绕组接错的故障 | 5 | | |
| 4 | 三相异步电动机的铭牌数据 | 电动机铭牌的意义 | 5 | | |
| | | 电动机铭牌数据对应的技术指标 | 5 | | |
| | | 由电动机铭牌数据计算相应的技术指标 | 8 | | |
| 5 | 单相异步电动机的结构和铭牌 | 单相异步电动机的结构 | 3 | | |
| | | 单相异步电动机的性能特点 | 3 | | |
| | | 单相异步电动机的分类 | 3 | | |
| | | 读单相异步电动机的铭牌数据 | 6 | | |
| 6 | 交流异步电动机的使用与维护 | 电动机的选型 | 5 | | |
| | | 电动机的日常维护手段 | 5 | | |
| | | 避免电动机烧毁的措施 | 2 | | |
| 能力缺失 | | | | | |
| 弥补措施 | | | | | |

# 附录 A

# 常用电工指示仪表面板说明

| 分类 | 单位名称 | 单位符号 | 分类 | 名称 | 符号 |
|---|---|---|---|---|---|
| 测量单位 | 千安 | kA | 仪表工作原理 | 磁电系仪表 | |
| | 安 | A | | 磁电系比率表 | |
| | 毫安 | mA | | 电磁系仪表 | |
| | 微安 | μA | | 电磁系比率表 | |
| | 千伏 | kV | | 电动系仪表 | |
| | 伏 | V | | 电动系比率表 | |
| | 毫伏 | mV | | 铁磁电动系仪表 | |
| | 微伏 | μV | | 铁磁电动系比率表 | |
| | 兆乏 | Mvar | | 感应系仪表 | |
| | 千乏 | kvar | | 静电系仪表 | |
| | 千瓦 | kW | | 整流式仪表 | |
| | 兆法 | MF | | 热电式仪表 | |

续表

| 分类 | 单位名称 | 单位符号 | 分类 | 名称 | 符号 |
|---|---|---|---|---|---|
| 测量单位 | 千法 | kF | 准确度等级 | 以标尺量限百分数表示，如1.5级 | 1.5 |
|  | 法 | F |  | 以标尺长度限百分数表示，如1.5级 | ▽1.5 |
|  | 兆赫 | MHz |  |  |  |
|  | 千赫 | kHz |  |  |  |
|  | 赫 | Hz |  | 以指示值的百分数表示，如1.5级 | ①1.5 |
|  | 兆欧 | MΩ |  |  |  |
|  | 千欧 | kΩ | 标尺绝缘强度 | 标度尺位置为垂直的 | ⊥ |
|  | 欧 | Ω |  | 标度尺位置为水平的 | ⊓ |
|  | 毫欧 | mΩ |  | 标度尺位置与水平面倾斜成一角度 | ∠60° |
|  | 微欧 | μΩ |  | 不进行绝缘强度试验 | ☆ |
|  | 相位角 | φ |  | 绝缘强度试验电压 2kV | ☆2 |
|  | 功率因数 | cosφ |  | 与外壳相连接的端钮 | ⊥ |
|  | 无功功率因数 | sinφ |  | 与屏蔽相连接的端钮 | ◯ |
|  | 库 | C | 端钮 | 调零器 | ∧ |
|  | 毫[斯拉] | mT |  | 负端钮 | － |
|  | 微法 | μF |  | 正端钮 | ＋ |
|  | 皮法 | pF |  | 公共端钮 | ✳ |
|  | 亨[利] | H |  | 接地用的端钮 | ⏚ |
|  | 毫亨 | mH |  |  |  |
|  | 微亨 | μH |  | I级防外磁场（如磁电系） | ⌂ |
|  | 毫韦 | mWb |  | I级防外磁场及电场（如静电系） | ▨ |
| 电流种类 | 直流 |  | 使用的外界条件 | II级防外磁场及电场 | II ⟦II⟧ |
|  | 交流 |  |  | III级防外磁场及电场 | III ⟦III⟧ |
|  | 交直流 |  |  | IV级防外磁场及电场 | IV ⟦IV⟧ |
|  | 三相交流 |  |  | A组仪表 | （不标准） |
|  |  |  |  | B组仪表 | △B |
|  |  |  |  | C组仪表 | △C |

# 附录 B

# 数字万用表

数字万用表具有测量精度高、显示直观、功能全、可靠性好、小巧轻便以及便于测量操作等优点。

## 一、面板结构与功能

DT-830 型数字万用表的面板图如附图 1 所示,包括 LCD 液晶显示器、电源开关、量程选择开关、表笔插孔等。

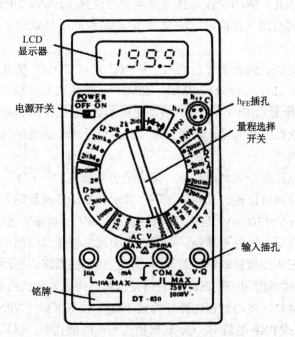

附图 1　DT-830 型数字万用表的面板图

液晶显示器最大显示值为 1999 且具有自动显示极性功能。若被测电压或电流的极性为负,则显示值前带"－"号;若输入超量程时,显示屏左端出现"1"或"－1"的提示字样。

电源开关（POWER）可根据需要，分别置于"ON"（开）或"OFF"（关）状态。测量完毕，应将其置于"OFF"位置，以免空耗电池。数字万用表的电池盒位于后盖的下方，采用 9V 叠层电池。电池盒内还装有熔丝管，以起过载保护作用。旋转式量程开关位于面板中央，用以选择测试功能和量程。若用表内蜂鸣器作通断检查时，量程开关应停放在标有"•)))"符号的位置。

$h_{FE}$ 插口用以测量三极管的 $h_{FE}$ 时，将其 B、C、E 极对应插入。

输入插口是万用表通过表笔与被测量连接的部位，设有"COM""V•Ω""mA""10A"四个插口。使用时，黑表笔应置于"COM"插孔，红表笔依被测量种类和大小置于"V•Ω""mA"或"10A"插孔。在"COM"插孔与其他三个插孔之间分别标有最大（MAX）测量值，如 10A、200mA、交流 750V、直流 1000V。

## 二、使用方法

测量交、直流电压（ACV、DCV）时，红、黑表笔分别接"V•Ω"于"COM"插孔，旋动量程选择开关至合适位置（200mV、2V、20V、200V、700V 或 1000V），红、黑表笔并接于被测电路（若是直流，注意红表笔接高电位端。否则显示屏左端将显示"－"），此时显示屏显示出被测电压数值。若显示屏只显示高位"1"，表示溢出。应将量程调高。

测量交、直流电流（ACA、DCA）时，红、黑表笔分别接"mA"（大于 200mA 应接"10"）与"COM"插孔，旋动量程选择开关至合适位置（2mA、20mA、200mA 或 10A），将两表笔串接于被测回路（直流时，注意极性），显示屏所显示出的数值即为被测电流的大小。

测量电阻时，将红、黑表笔分别插入"V•Ω"与"COM"插孔，旋动量程选择开关至合适位置（200Ω、2kΩ、200kΩ、2MΩ、20MΩ），将两表笔跨接在被测电阻两端（不得带电测量!），显示屏所显示出的数值即为被测电阻的数值。当使用 200MΩ 量程进行测量时。先将表笔短路。若该数值不为零，仍属正常，此数值是一个固定的偏移值。实际数值应为显示数值减去该偏移值。

进行二极管和电路通断测试时，红、黑表笔分别插入"V•Ω"与"COM"插孔，旋动量程开关至二极管测试位置。正向情况下，显示屏显示二极管的正向导通电压，单位为 mV（锗管应在 200mV～300mV 之间，硅管应在 500mV～800mV 之间）；反向情况下，显示屏应显示"1"，表明二极管不导通，否则，表明此二极管反向漏电流大。正向状态下。若显示"000"，则表明二极管短路，若显示"1"，则表明断路。在用来测量线路或器件的通断状态时，若检测的阻值小于 30Ω，则表内发出蜂鸣声以表示线路或器件处于导通状态。

进行晶体管测量时，旋动量程选择开关至"$h_{FE}$"位置（或"NPN"或"PNP"），将被测三极管依 NPN 型或 PNP 型将 B、C、E 极插入相应的插孔中，显示屏所显示的数值即为被测三极管的"$h_{FE}$"参数。

进行电容测量时，将被测电容插入电容插座，旋动量程选择开关至"CAP"位置。显示屏所示数值即为被测电容的电容量。

## 三、注意事项

（1）当显示屏出现"LOBAT"或"←"时，表明电池电压不足，应予更换。
（2）若测量电流时，没有读数，应检查熔丝是否熔断。
（3）测量完毕，应关上电源，若长期不用，应将电池取出。
（4）不宜在日光及高温、高湿环境下使用与存放。

# 附录 C

# 钳形表和兆欧表

## 一、钳形表

### 1. 使用方法

钳形表如附图 2 所示,最基本作用是测量交流电流。虽然准确度较低(通常为 2.5 级或 5 级),但因在测量时无须切断电路,因而使用仍很广泛。如需进行直流电流的测量,则应选用交直两用钳形表。

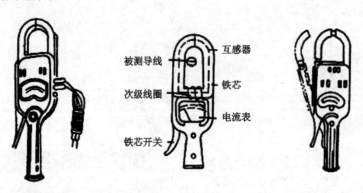

附图 2　钳形表

(1) 估计被测电流的大小,选择量程。如无法估计被测电流大小,先用最高挡量程测量,然后根据情况调到合适的量程。

(2) 握紧钳柄,使钳口张开,放置被测导线。为减小误差,被测载流导线应放在钳口内的中心位置。

(3) 钳口要紧密接触,若遇明显噪声或表针振动厉害,可将钳口重新开合几次或转动手柄。

(4) 在测量较大电流后,为减小对测量结果的影响,应立即测量较小电流,并把钳口开合数次。

(5) 测量 5A 以下的小电流时,为使该数较准确,在条件允许的情况下,可将被测导线多绕几圈后再放进钳口进行测量（此时的实际电流值应为仪表的读数除以导线的圈数）。

（6）测量完毕应将量程开关置于最大挡位，以防下次使用时，因疏忽大意而造成仪表的意外损坏。

### 2．使用注意事项

（1）使用前应检查外观是否良好，绝缘有无损坏，手柄是否清洁、干燥。

（2）测量时应戴绝缘手套或干净的线手套，并注意保持安全间距。

（3）测量过程中不得切换挡位。

（4）钳形电流表只能用来测量低压系统的电流，被测线路的电压不能超过钳形表所规定的使用电压。

（5）每次测量只能钳入一根导线。

## 二、兆欧表

兆欧表又称摇表或绝缘电阻测定仪，它是用来检测电气设备、供电线路绝缘电阻的一种可携式仪表，其标尺刻度以"MΩ"为单位，可较准确地测出绝缘电阻值。

### 1．兆欧表的选用

兆欧表的选用主要考虑电压等级和测量范围。测量额定电压在 500V 以下的设备或线路的绝缘电阻时，应选用 500V 或 1000V 的兆欧表；测量额定电压在 500V 以上的设备或线路的绝缘电阻时，可选用 1000V～2500V 的兆欧表；测量瓷瓶时，应选用 2500V～5000V 的兆欧表。

兆欧表的测量范围的选择主要考虑两点：一是测量低电压电气设备的绝缘电阻时可选用 0～200MΩ 的兆欧表，测量高压电气设备或电缆时可选用 0～2000MΩ 的兆欧表；二是有些兆欧表的起始刻度不是零，而是 1MΩ 或 2MΩ，这种仪表不宜用来测量处于潮湿环境中的低压电气设备的绝缘电阻，因其绝缘电阻可能小于 1MΩ，造成仪表上无法读数或读数不准确。

### 2．使用前的准备

（1）测量前要先切断被测设备或线路的电源，并将其导电部分对地进行充分放电。用兆欧表测量过的电气设备，也需进行接地放电，才可再进行测量使用。

（2）测量前要先校核仪表。将兆欧表平稳放置，先将接线柱 L、E 两端开路，由慢到快摇动手柄 1 分钟，使兆欧表内发电机转速稳定（约 120 转/分），指针应指在"∞"处；再将 L、E 短接，缓慢摇动手柄，指针应指在"0"处。

兆欧表的操作方法如附图 3 所示。

### 3．兆欧表的使用

（1）兆欧表放置平稳牢固，被测物表面擦干净，以保证测量准确。

（2）正确接线。兆欧表上有三个接线柱，分别标有 E（接地）、L（线路）和 G（屏蔽），测量时将被测绝缘电阻接在 L、E 两个接线柱之间。测量电力线路的绝缘电阻时，将 E 接线柱可靠接地，L 接被测线路；测量电动机、电气设备的绝缘电阻时，将 E 接线柱接设备外壳，L 接电动机绕组或设备内部电路；测量电缆芯线与外壳间的绝缘电阻时，将 E 接线柱接电缆外壳，L 接被测芯线，G 接电缆壳与芯之间的绝缘层上，如附图 4 所示。

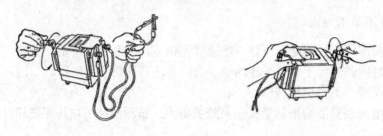

(a) 校试兆欧表的操作方法　　　　(b) 测量时兆欧表的操作方法

附图 3　兆欧表的操作方法

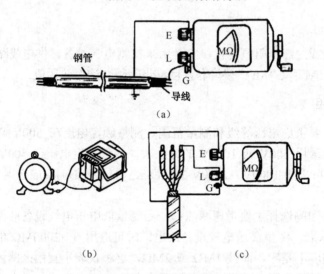

附图 4　兆欧表的接线方法

（3）按顺时针方向摇动手柄，速度由慢到快，并稳定在 120r/min 约 1min 后，待指针稳定后从表盘读数。

（4）测量完毕，待兆欧表停止转动和被测物接地放电后方可拆除连接导线。

4．使用注意事项

（1）仪表与被测物间的连接导线应采用绝缘良好的多股铜芯软线，而不能用双股绝缘线或绞线，且连接线间不得绞在一起，以免造成测量数据不准。

（2）手摇发电机要保持匀速，不可忽快忽慢地使指针不停地摆动。

（3）测量过程中，若发现指针为零，说明被测物的绝缘层可能击穿短路，此时应停止继续摇动手柄。

（4）测量具有大电容的设备时，读数后不得立即停止摇动手柄，否则充电的电容将对兆欧表放电，有可能烧坏仪表。

# 参 考 答 案

## 巩固练习一

**一、填空题**

1. 电源，负载、中间环节
2. 电荷的移动，电流
3. 直流电流，交流电流
4. 电流表，电压表
5. 高，低
6. 满载，轻载，过载
7. 电源，电动势
8. 标称阻值、允许误差、额定功率
9. 电容，$C$
10. 电感，通断

**二、单项选择题**

1. D  2. B  3. C  4. B  5. B
6. C  7. C  8. A  9. A  10. B

**三、分析计算题**

1. $U_{AB}$=4V，$U_{BC}$=4V，$U_{AC}$=8V
2. $V_a$=10V、$V_c$=12V
3. 3.2kW·h，20.8元
4. 40W，25h
5. 484Ω，25W
6. 5.1Ω±5%，4700Ω±2%，82kΩ±1%，12 kΩ±5%
7. 8.3μF，500V，100V，不安全

## 巩固练习二

**一、填空题**

1. 10/22A，484Ω
2. 0.707 A，20 V
3. 串联
4. 并联
5. 1:2，1:1，1:2
6. 1:1，2:1，2:1
7. 3300，22
8. 每一分支，3 条或 3 条以上支路，任一闭合路径
9. 在任一瞬间，流进某一节点的电流之和恒等于流出该节点的电流之和；$\Sigma I_\text{进}=\Sigma I_\text{出}$
10. 在任一闭合回路中，各段电路电压降的代数和恒等于零，$\Sigma IR=\Sigma E$
11. 4A，0.5A，3.5A
12. 1，4，4，10

**二、单项选择题**

1. C  2. A  3. C  4. A  5. A
6. A  7. C  8. A  9. C  10. A

**三、分析与计算题**

1. 0.45A
2. 7Ω
3. 807Ω，0.273A，5.4kW·h
4. 5A，−7A
5. 16V
6. 1V

## 巩固练习三

**一、填空题**

1. 大小、方向、正弦函数规律
2. 50Hz，0.02s
3. 220V，311V
4. 220V，311V，314rad/s，60°
5. 10A，50Hz，0.02s

6. $-120°$，$i_2$、$i_1$

7. 110V，2A

8. 4Ω，0.0127H

9. 2Ω，0.00159F

10. 31.4Ω，7A

11. 小，大，短路，开路

12. 阻抗角，功率因数角

13. 增加，减小

二、单项选择题

1．B　2．A　3．B　4．B　5．C

6．A　7．C　8．B　9．A　10．A

11．C　12．A　13．B　14．A　15．D

16．D　17．A

三、分析计算题

1. 最大值 200V，角频率 10000rad/s，初相 $-160°$

2. 311V，220V，50Hz，60°

3. 不能

4. $u_1$ 与 $u_2$ 的相位差120°，$u_1$ 比 $u_2$ 超前 120°

5.（1）0.273A，806Ω；（2）15W

6.（1）484Ω；（2）0.454A；（3）6kW·h

7. 220Ω，1A

8. 32A，3200var

9. 63.7Ω，3.45A

10. 80Ω，2.75A，605var

11. 5V

12.（1）2.2A　　（2）290.4W，387.2var，484V·A，0.6

13.（1）50 个　　（2）100 个

14. 10A，0.25A

## 巩固练习四

一、填空题

1. 幅值、频率、60°

2. $1/\sqrt{3}$，1，0

3. 380V

4. $\sqrt{3}$，30°

5. 相等

6. 相等

7. 2，3.464

8. 三角形

9. 星形

10. 相电压，相电压

11. $\sqrt{3}I_L U_L \cos\phi$

二、单项选择题

1．A　2．A　3．A　4．A　5．A

6．C　7．A　8．B　9．C　10．A

11．A　12．A　13．B　14．A

三、分析计算题

1. 9.23Ω，3.22Ω

2. 22A

3. Y 形联结

## 巩固练习五

一、填空题

1. 单相，三相

2. 升压，降压，联络

3. 改变，分配，电路

4. 硅钢片，芯式，壳式

5. 原绕组，副绕组，高压绕组，低压绕组

6. 接电源，开路

7. 工作时，电压，电流

8. 6

9. 电，磁

10. 开路，短路

11. 法拉第

12. 0.4V

13. 不为零，为零，不为零

二、判断题

1．√　2．√　3．×　4．√　5．√

三、单项选择题

1．C　2．A　3．A　4．B

四、分析与计算题

1．36V，2A

2．(1) 1000匝，880匝　(2) 62W

3．0.2N

4．0.2V，0.4A

## 巩固练习六

一、填空题

1．电，机械

2．定子，转子

3．磁，定子绕组

4．电路

5．鼠笼，绕线

6．三相交流电流，旋转磁场

7．同步转速，电源频率，磁极对数

8．电源的相序，随之改变

9．25

10．磁场极对数，转差率，电源频率

11．小于

12．1000 r/min，3

13．铁芯，线圈

14．铁芯，线圈

二、单项选择题

1．C　2．C　3．C　4．B　5．B

6．C　7．D　8．D

三、分析与计算题

1．1000r/min，3，0.04

2．1000r/min，980r/min

3．720r/min；132.6N·m

# 参 考 文 献

[1] 梁颖. 电工技术与应用 1[M]. 北京：航空工业出版社，2015.
[2] 杨德明. 电工电子技术项目教程[M]. 北京：北京大学出版社，2010.
[3] 孙晓华. 新编电工技术项目教程[M]. 北京：电子工业出版社，2007.
[4] 唐介. 电工学[M]. 北京：高等教育出版社，2005.
[5] 宋红. 电工电子技术简明教程（第二版）[M]. 北京：高等教育出版社，2008.
[6] 田丽洁. 电路分析基础（第 2 版）[M]. 北京：电子工业出版社，2010.